纺织服装高等教育“十三五”部委级规划教材

服饰装饰技法

李立新 著

東華大學出版社
·上海·

内容简介

服饰装饰技法是以实现服饰整体设计为目的的服装装饰应用方法。本书共分六章，内容包括线迹装饰、钩针编织基础、棒针编织基础、布艺装饰应用、面料浮雕再造等时尚设计应用较广的内容。全书配有200多幅技术图表，采用实线与理论并重，结合技术语言（技求符号）并技术图纸系统、全面地实操方法及训练。图文并茂形式，分析介绍详尽细致，由浅至深且循序渐进。

本书可作为服装类高等院校服饰装饰技法相关课程的教材，也可作为服装企业技术人员和服装设计爱好者自学的参考书籍。

图书在版编目（CIP）数据

服饰装饰技法 / 李立新著. —上海：东华大学出版社，2017. 8

ISBN 978-7-5669-1272-5

Ⅰ. ① 服… Ⅱ. ① 李… Ⅲ. ① 服饰—设计 Ⅳ. ① TS941.2

中国版本图书馆CIP数据核字（2017）第209609号

责任编辑：杜亚玲
封面设计：魏依东

服饰装饰技法
FUSHI ZHUANGSHI JIFA

李立新 著
出 版：东华大学出版社（上海市延安西路1882号，200051）
出版社网址：http://www.dhupress.net
天猫旗舰店：http://dhdx.tmall.com
营销中心：021-62193056 62373056 62379558
印 刷：句容市排印厂
开 本：787 mm × 1092 mm 1/16 印张：9
字 数：350千字
版 次：2017年8月第1版
印 次：2017年8月第1次印刷
书 号：ISBN 978-7-5669-1272-5
定 价：32.00元

目　录

第一章　线迹装饰

第一节　线迹的种类　/1

第二节　线迹装饰应用　/9

第二章　刺绣装饰

第一节　刺绣基本材料、工具与步骤　/19

第二节　刺绣的基本技法　/22

第三节　刺绣装饰应用　/32

第四节　刺绣在服饰设计中的应用　/46

第三章　钩针编织

第一节　钩编操作方法　/49

第二节　钩编编织技术语言　/55

第三节　钩编加、减针法　/57

第四节　引退针法　/61

第五节　缝合法、挑针法　/62

第六节　钩针编织技艺的应用　/63

第四章　棒针编织

第一节　棒针编织的操作方法　/71

第二节　绒线编织物尺寸、针数的计算　/75

第三节　基本编织符号、针法和表示法　/77

第四节　加、减针法计算及标注法　/85

第五节　加、减针法及引退针法　/88

第六节　收针法、缝合法、挑针法及图案编织方法　/93

第七节　棒针服饰设计应用　/103

第五章　布艺装饰

第一节　创意立体花装饰　/107

第二节　家纺布艺装饰　/118

第三节　服饰布艺装饰　/120

第六章　面料浮雕再造

第一节　褶饰　/123

第二节　浮雕面料再造的构成形式　/127

参考文献　/136

第一章　线迹装饰

线迹装饰是利用缉明线等加工手段达到美化装饰的目的，有的则在线迹中加入花色线以起到装饰作用。线迹装饰常应用于服装的边缘、衣摆、拼接部位和止口处，是一种强调风格的装饰手法，如牛仔服上的装饰线迹，给人一种粗犷、豪迈的感觉；高档西服里子上的装饰线迹，使服装更显精美、华贵；薄纱一类轻薄面料的装饰线迹，有免烫、装饰之效用。

第一节　线迹的种类

线迹种类多种多样，归纳起来可分为直线线迹和花型线迹。

一、直线线迹

直线线迹的针码密度随衣料质地厚薄不同而变化，一般为3cm10~12针。衬衫可选择3cm12~15针；呢料服装、牛仔服可选用较大针码；如果需要形成粗犷效果，需换机针同时要将普通缝纫机线换成锁钮线。

直线线迹可分成单线、双线线迹两类。双线是用缝纫机缝制而成的双线迹。

二、花型线迹

花型线迹可用多功能缝纫机缉缝，也可以用刺绣机绣出，单件服装也可以采用手工绣制。花型线迹是由有规律的变形针法组成的线迹，花型线迹的材料有绣花线、毛线、丝带线、锁钮线、变形线等，花样可根据设计者意图而定。花型线迹的手工缝绣方法有以下针法。

1. 平缝针

如图1-1所示，平缝针是直线线迹的纳缝针，上下针距一致。缝制时，在布面上每连拱缝两三针之后拔针，要求针脚大小一致。这种针法在表现简单图案轮廓及结构线或者用点描填补面积时使用。

2. 穿平针

穿平针如图 1-2 所示，穿平针是在缝绣过的平缝针线迹中再进行上下交错地穿绕缝，为使线迹形态牢固，应适度放松绕线并在缝至之前平缝针下挑缝布面 1 至半根纱线加固线迹。线迹可以采用其他颜色的绣线穿绕，以加强装饰效果。此针法可以用于服饰应用设计，特别是童装止口、拼接等部位。

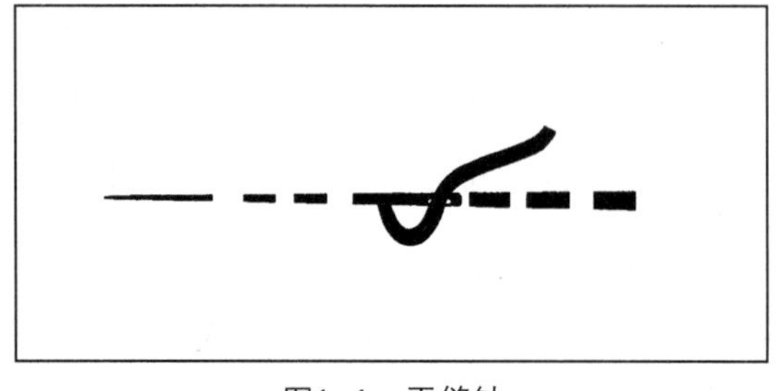

图1-1　平缝针

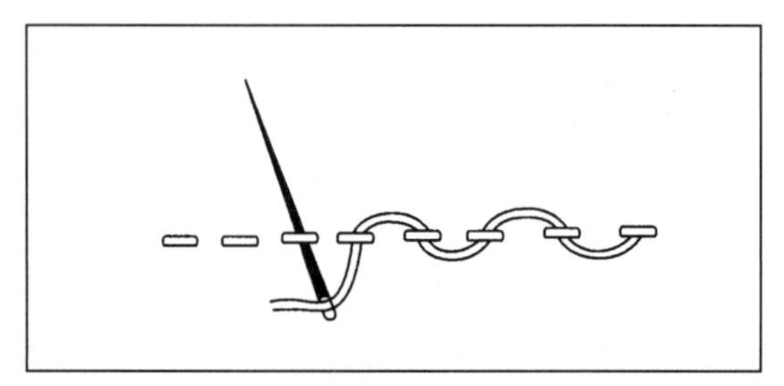

图1-2　穿平针

3. 绕平针

绕平针如图 1-3 所示，绕平针是在平缝针针迹下面用另一根线绕缝。看上去好像把线捻在一起，在线形花纹和叶脉绣制中常使用这种针法。

4. 霍尔贝恩针

如图 1-4 所示，霍尔贝恩针是先绣平缝针，然后再用另一根线在已经绣过的针迹空当间再进行一次平针刺绣。缝绣时要注意第二次平针的线迹位置正好是第一次行针的入孔，第二次平针的入针孔正好是第一次行针的出针孔，要求线迹平整、均匀。此针法常用于花纹的轮廓线缝制，有时也用两种不同颜色的线来变化格调。通常在十字绣中用于轮廓线及结构线的线条装饰。

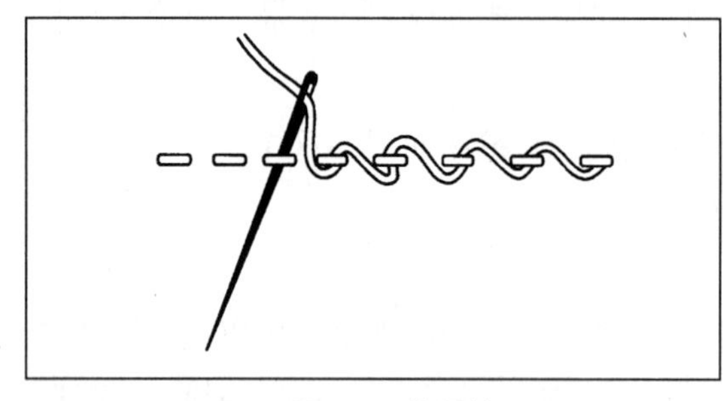

图1-3　绕平针

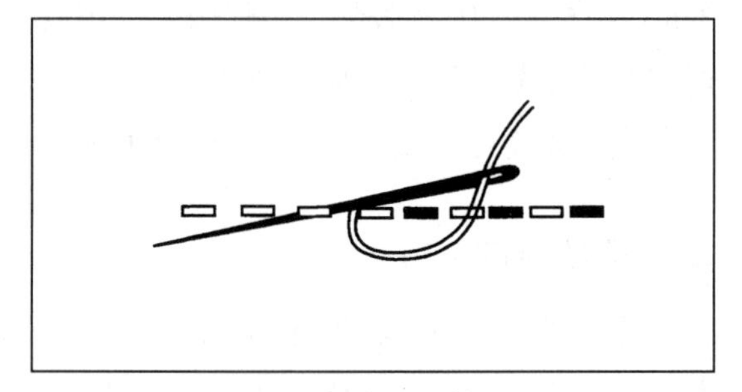

图1-4　霍尔贝恩针

5. 链缝针

如图 1-5 所示，链缝针用双线缝制，此针法常用在上口及拼接处。在使用粗绣针时，从左至右方向，在双线间进针，按倒扎针方法缝制；也可以在一根针上穿两种颜色的线，做倒扎针式缝制，只是缝针从两根线中间进针出针，线迹一环套一环呈锁链状。此针法也是贴补绣固定绣片针法中的一种常用的针法，应用较广。

6. **双回针**

双回针如图 1–6 所示，从图中 1 处出针，从 2 处进针，依次 3 处出针，4 处进针，5 处出针，按顺序进出针，即按回针的操作方法，将针斜挑向上，在前线迹的正中出针，绣成第一行的第一针，然后再按此绣出第二行的第一针，要求绣线松紧适度，如此上下交错依次绣制回针，缝绣出上下紧密排列的两行交错紧密排列回针的装饰线迹为双回针。

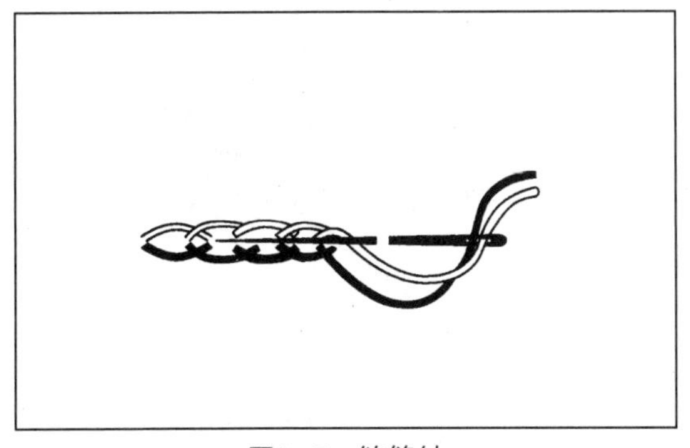

图1–5 链缝针

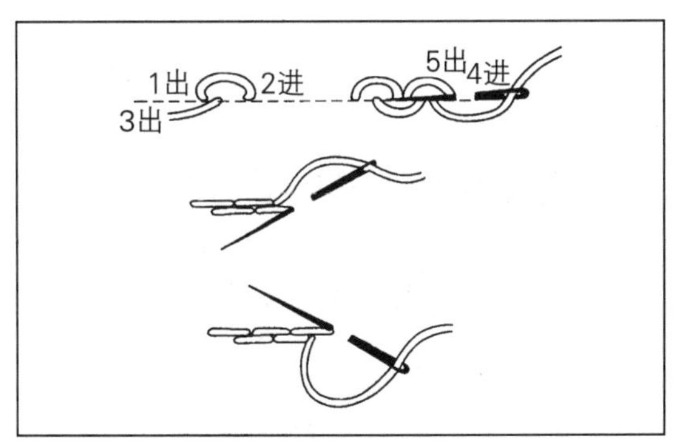

图1–6 双回针

7. **流苏针**

流苏针如图 1–7 所示，此种针法与双回针相似，需引两股线呈四股较粗绣线缝制，只是第二行回针的绣线不要拉紧而形成流苏状如图 1–7 所示的装饰线迹。

8. **贴线花**

如图 1–8 所示，在贴线花缝绣中，一种是先将粗线贴敷于图案线上，然后用细线按等分间隔将粗线绕缝固定在布面上；另一种，变化细线绕线时的针脚，可以得出多种效果。在轮廓线、宽幅绣和面积绣时多采用此种方法。

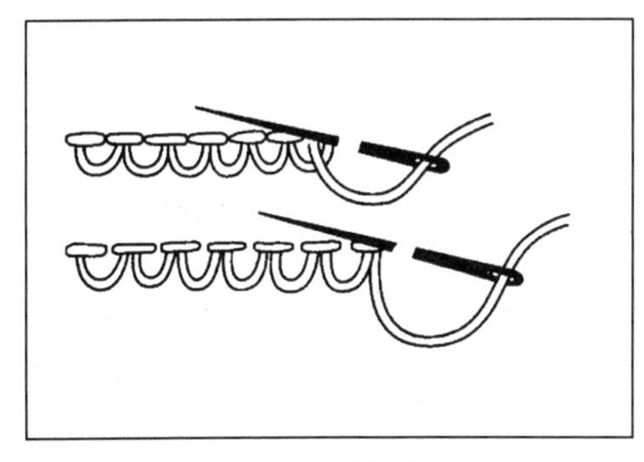

图1–7 流苏针

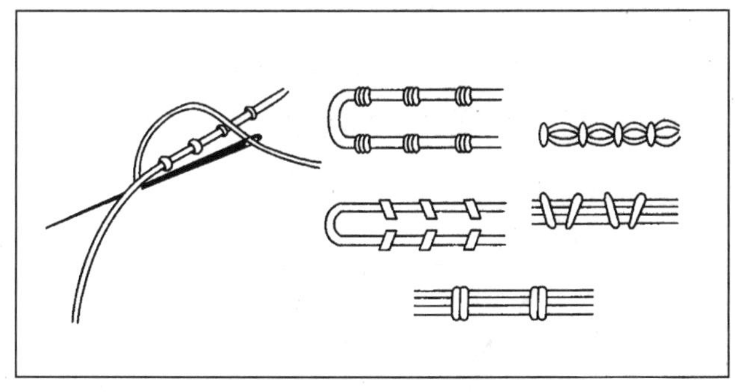

图1–8 贴线花

9. **盘肠针**

如图 1–9 所示，盘肠针缝制方法是先做回针，然后按图 1–9 所示用另一线从回针针脚中穿绕呈盘肠状，上面如波，下面交错如链，穿绕时绕线要松紧一致。此针法在表现粗大线条时经常使用。

10. 穿环针

如图 1–10 所示，穿环针的缝制方法是先做回针，然后用另外的绣线上下交错穿绕呈波浪状，再从另一边交错如上法穿绕缝，将原来空当补齐，组成连环状线迹，可使用两种不同色线缠绕缝绣。此种针法可使线形的格调产生变化。

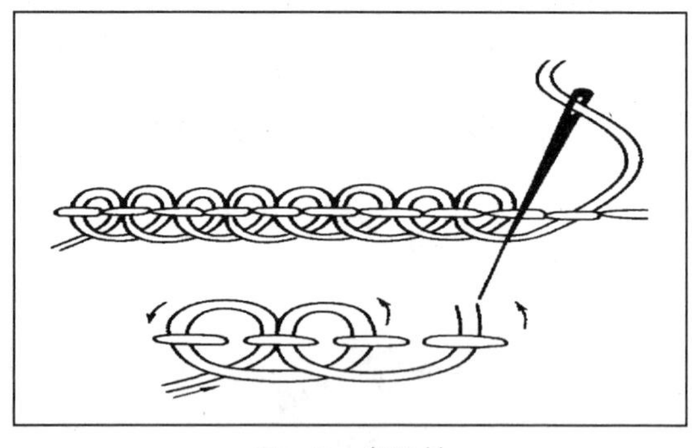

图1–9　盘肠针

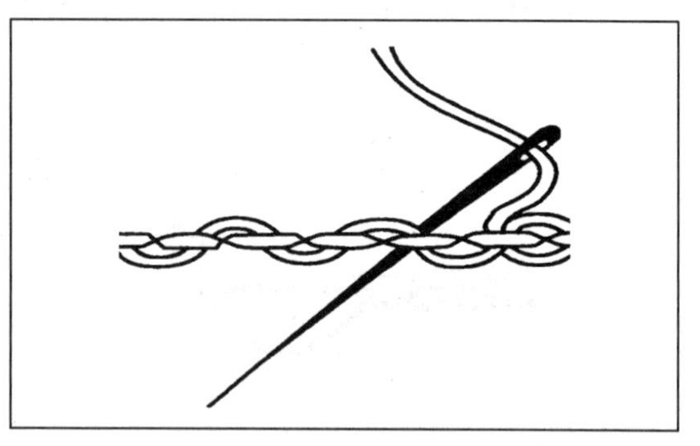

图1–10　穿环针

11. 穿珠针

如图 1–11，所示，穿珠针采用德国结连续缝制，从图中 1 处出针，2 处进针，3 处出针拉出线再穿 1 与 2 间线套，再一次如图 1–11 所示绕线圈穿 1 至 2 上段线套 4 处穿过，5 处出针压线圈出针，如此链状反复操作，形成如图 1–11 所示装饰线迹。

12. 竹节针

竹节针可缝制出两种线迹。一种如图 1–12（a）所示，从图左处出针，在图上线形的相应位置上逆时针绕线圈，并呈直角方向穿针压线圈出针拉出针即成图 1–12（a）所示线结连续状线迹；另一种如图 1–12（b）所示，操作方法同一，只是线结上下折线状形成锯齿形针迹，并且在锯齿形的各凸峰与凹谷端点为打线结处。

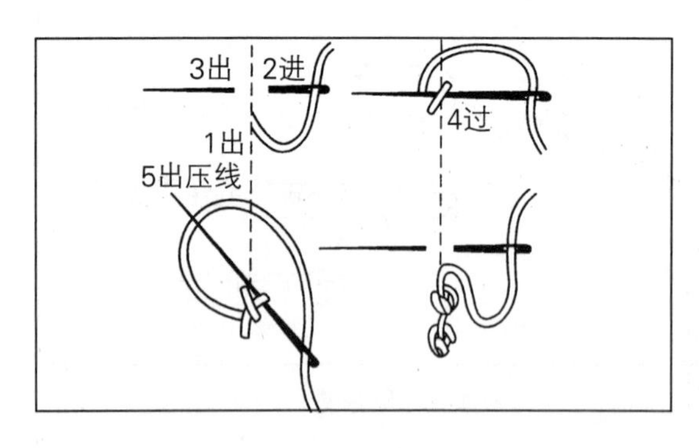

图1–11　穿珠针

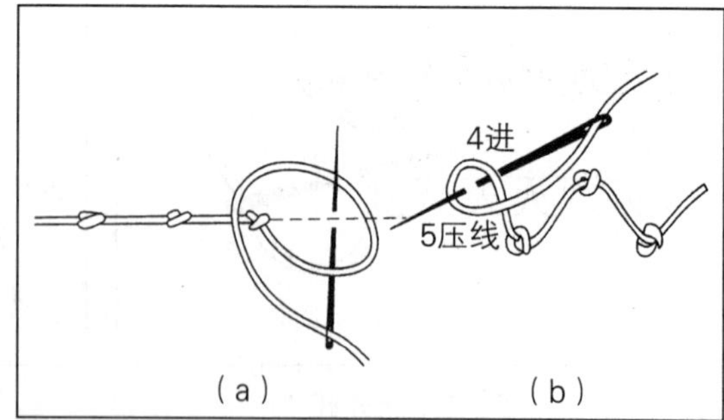

图1–12　竹节针

13. 锁针

如图 1–13 所示，1 出针、2 顺时针绕线、3 进针、4 压线带出，然后再绕线将针如图 1–13

所示穿入前一针的线圈内，压线带针，连续锁出锁链状，此针法常用于粗线条图案和面积刺绣中，也应用于贴补绣将绣片贴绣于布面的绣针法之一。

14. 绕线锁针

绕线锁针如图 1–14 所示，此针法先做锁针链式的缝绣，然后用另一根线在已经作为锁针的每一针脚下连续绕缝螺旋线迹于其上。运针时不挑布而是在针脚线套内绕行，绕线可采用不同色线。此针线条饱满，可表现粗犷风格。

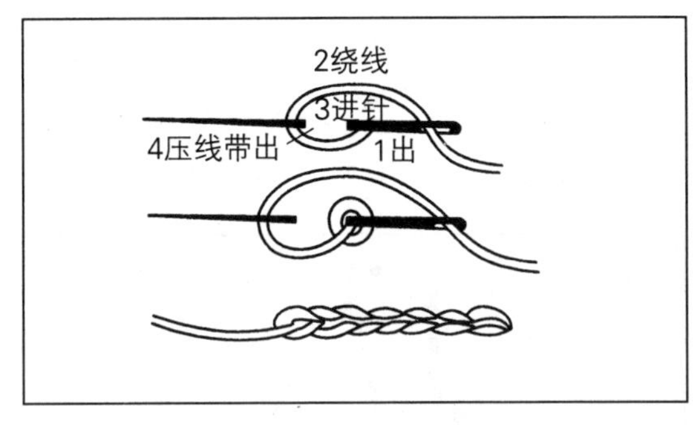

图1–13　锁针

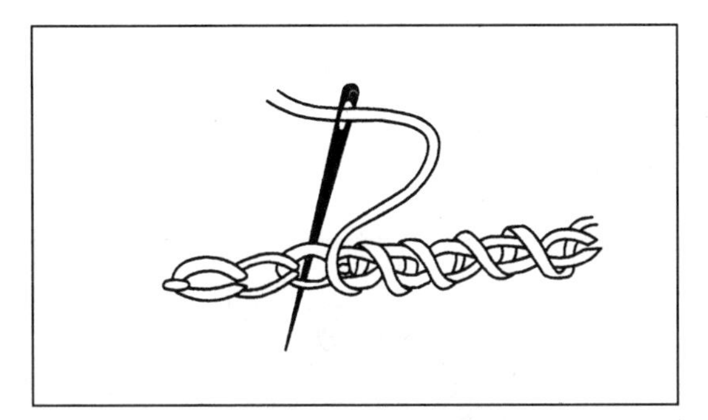

图1–14　绕线锁针

15. 链针

如图 1–15 所示，链针缝绣是 1 出针，再将线绕在针上后用左手拇指压住，然后在 2 和 3 处穿针挑布，再如图所示绕上线拉针。之后再用左手拇指压线，最后如图拔针，反复进行，此针迹在效果上让人感到坚实。链针特别强调针距相等与拉线时用力的均匀，以便绣成的链环大小一致，排列整齐。

16. 长链花针

如图 1–16 所示，长链花针是先缝套环针，再在 1 处出针，然后在 2 处进针并在 3 处出针，之后再绕线、挑布、压线缝（注意挑布时从 3 旁边进针，2 旁边出针），将拉出的针在 4 处进针结住，此针为一完整套环针。然而绣制长链花针是将套环针的收线加长，使连接各套环的线成为锯齿形。这种线迹本身具有独立的装饰性，因此，可用于服饰的缘装饰运用。

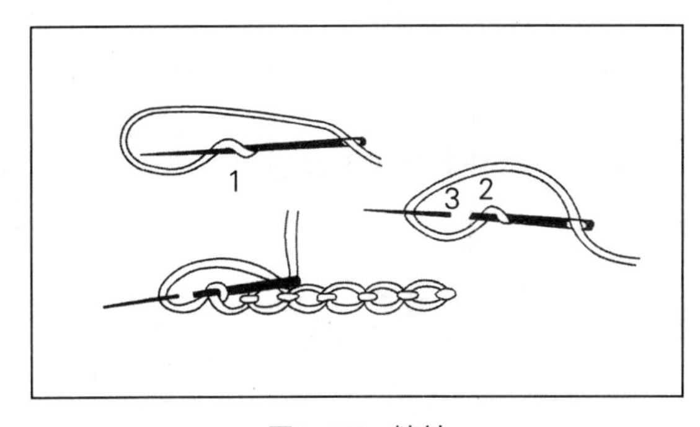

图1–15　链针

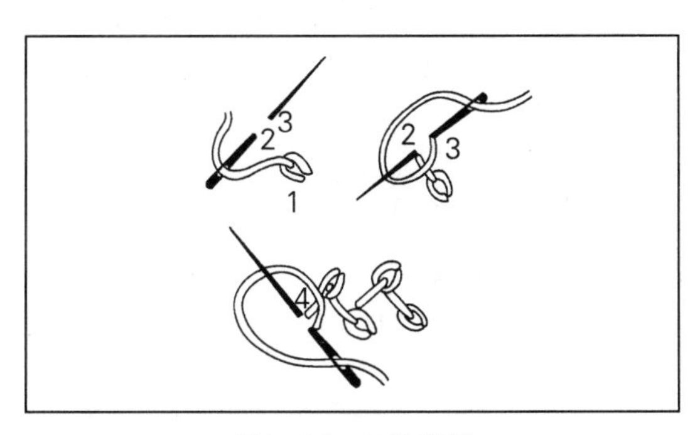

图1–16　长链花针

17. 蝶形飞针

如图 1–17 所示，蝶形飞针的缝制方法是 1 处出针，2 处进针，3 处出针并压线，然后将拉出的线在 4 处进针，完成反向 Y 字形绣制，同样 5 处出针颠倒方向操作同上方法，绣制成如图 1–17（c）所示第二个正向 Y 字形。其中图 1–17（a）是缝制的第一阶段，图 1–17（b）是缝制的第二阶段。这种针法实际上是将套环针的针脚分开而成 Y 字形，反复连续则构成连续的几何花纹，具有纹样的花形线迹效果，如图 1–17（c）所示。

18. 麦穗针

如图 1–18 所示，麦穗针的缝制方法如图先按 1、2、3、4 的顺序绣成八字形，然后把从 5 拉出的线在 1–2 和 3–4 的线套下穿过，再在 6 处进针，之后在绕出的线圈根部处出针，连续绣成麦穗针形。此针法单针为小花状，连续则呈麦穗状。

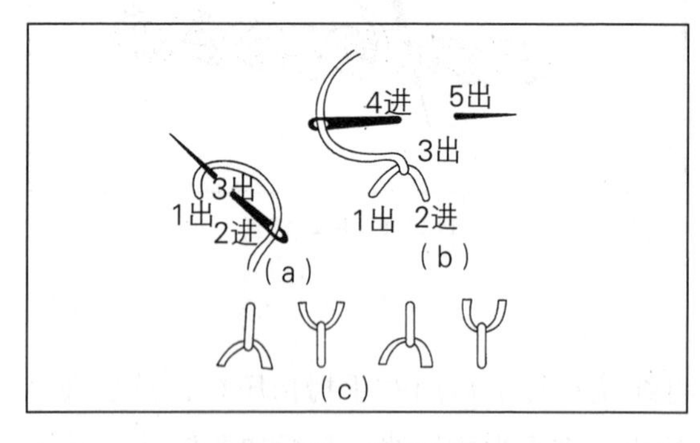

图1–17　蝶形飞针

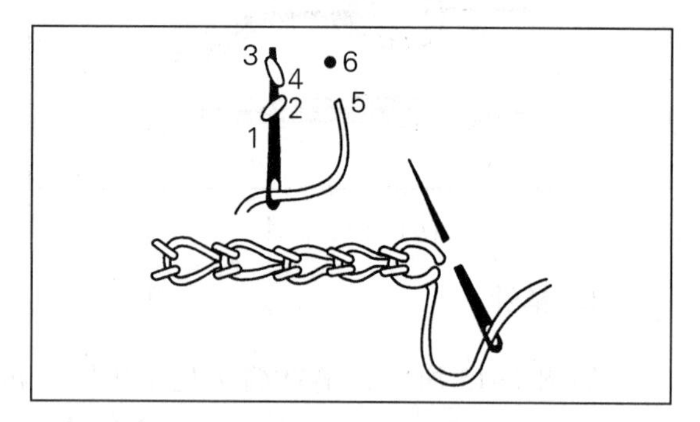

图1–18　麦穗针

19. 锁边针

如图 1–19 所示，从 1 处出针，3 处进针，再从 2 处出针压线，从右至左往复进行。此法多用于线形绣，在边缘装饰和贴补绣的技法中使用。雕绣、荷叶边也常用此线迹装饰方法装饰及锁边。

20. 扣锁针

如图 1–20 所示，扣锁针是运用锁边针方法，从同一针孔连锁三针，与出针处构成三角形，运用此法还可以变化出多种纹样，此针形一般应用于边缘装饰。

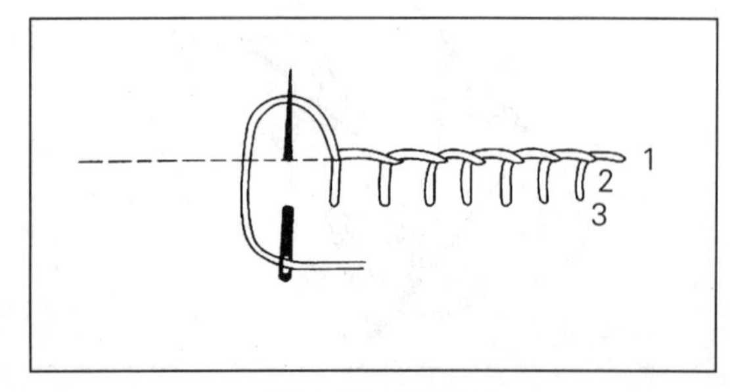

图1–19　锁边针

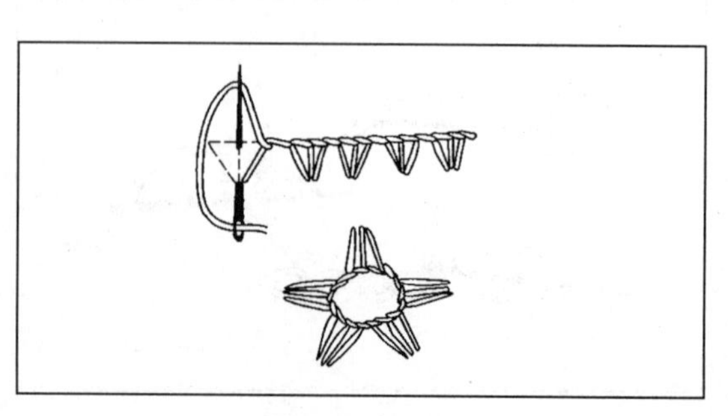

图1–20　扣锁针

21. 杨树花针

如图 1-21 所示，把针形上下分成三等分，从 1 处出针，从 2 处进针，再从 3 处出针压线，从 4 处进针，再从 5 处出针压线。往复交错地连续下去便成为单行杨树花针。如用同法，向上两针，再向下两针缝绣，则成双杨树花针形，常用于绣枝叶等，是一种较复杂的线形针迹，还可缝成三杨树花针形。

22. 双套针

如图 1-22 所示，双套针法是采用杨树花针法，进出针按号码顺序操作，如在 3 和 5 处出针压线，针脚间隙要靠紧些。此针法适用于大线条的缝制。

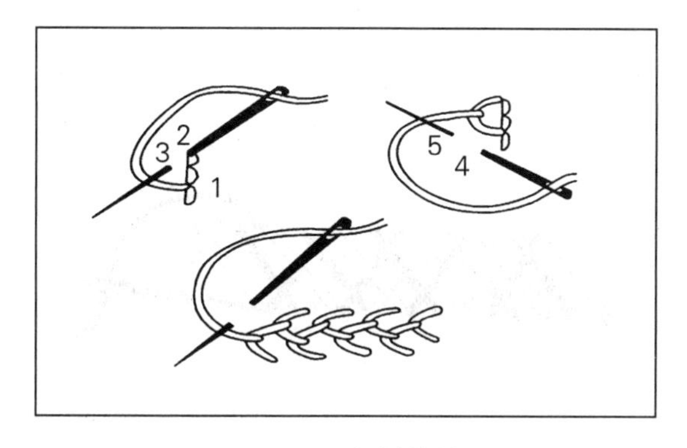

图1-21　杨树花针

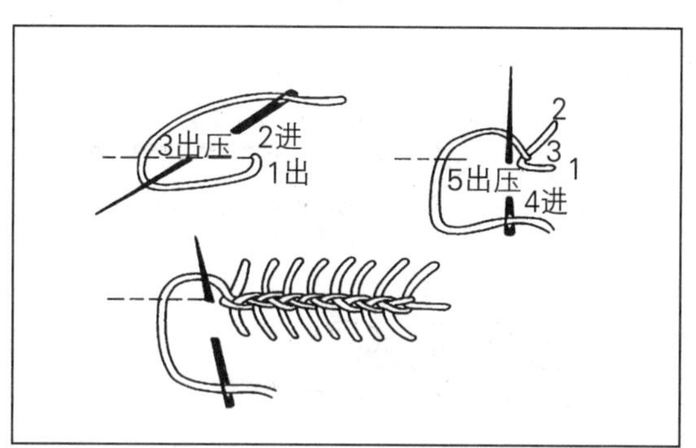

图1-22　双套针

23. 双三角针

如图 1-23 所示，双三角针也是采用杨树花针法，按号码顺序进行，从 1 处出针，在 2 处进针，3 处出针压线，再从 4 处进针，从 5 处出针压线，一上一下反复进行，此针法适用于宽线形装饰。

24. 鱼骨针

如图 1-24 所示，鱼骨针缝制方法是以图案线为基础，在右斜下方和横向各缝一针，再在左斜上方和横向各缝一针，中间的横针要平行交错地进行。此针法似鱼骨形，在变幻线形花样的宽度时常使用鱼骨针装饰。

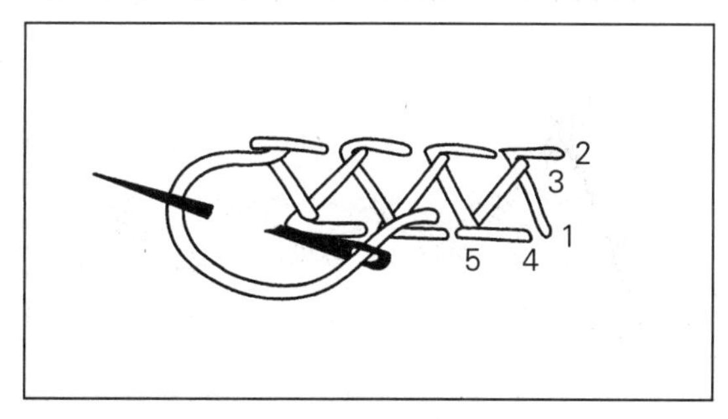

图1-23　双三角形

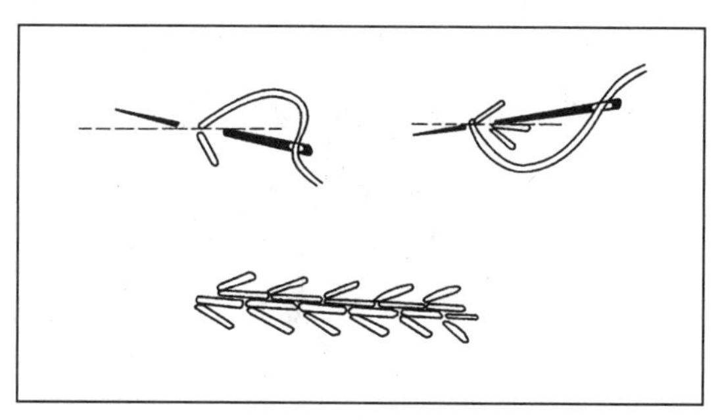

图1-24　鱼骨针

25. 人字针

人字针如图 1–25 所示，人字针即手缝工艺的三角针，按图 1–25（a）中所示号码的顺序依次从左向右上下交错横挑倒回针（其中单数为进针位置，双数为出针位置）。此针迹针距长时呈锯齿状，若针距短则呈栅栏装（又俗称“黄瓜架”，明绦针的一种），如图 1–25（b）所示，其常用于绣宽线形线迹装饰。

26. 双人字针

如图 1–26 所示，双人字针是先用人字针缝出一行稀疏的人字针迹，再用另一根线用相同针法在人字形针距间穿压走线，交错缝制。此针法可作为宽线形花样而独立使用。

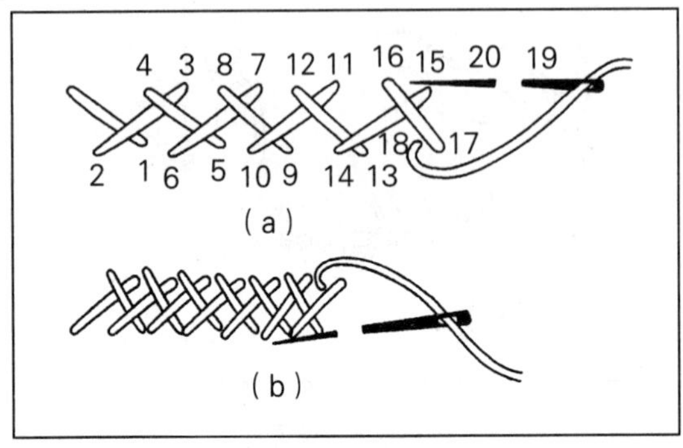

图1–25 人字针

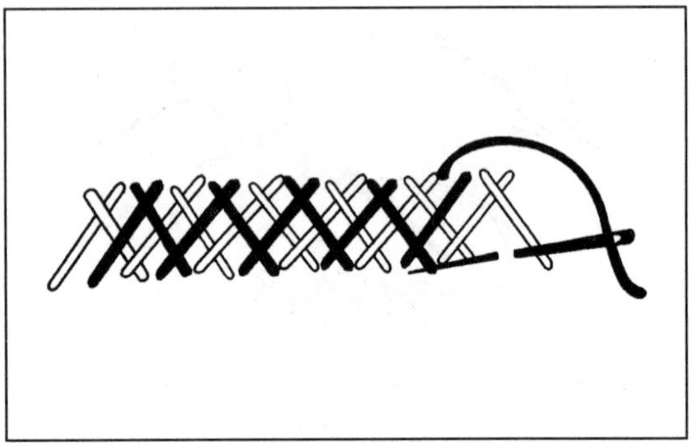

图1–26 双人字针

27. 直钉人字针

如图 1–27 所示，直钉人字针是先做人字针，再用另一根竖针直钉缝在人字针的针脚上。此针法常在线形花样和缘装饰使用。

28. 绕线人字针

如图 1–28 所示，绕线人字针是先做人字针，再用另一根线绕在人字针针脚上。此针法在边缘饰时使用。

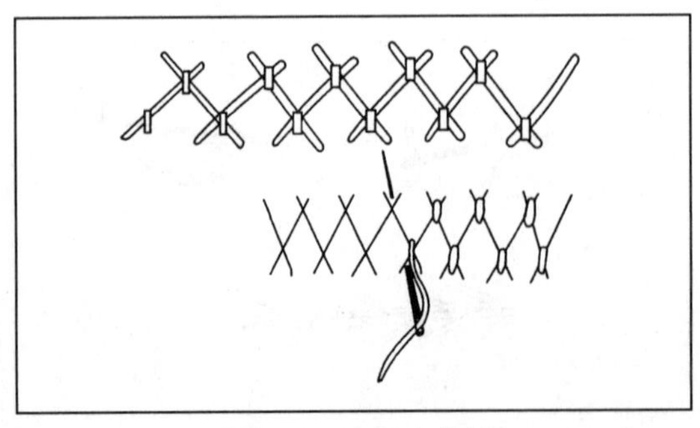

图1–27 直钉人字针

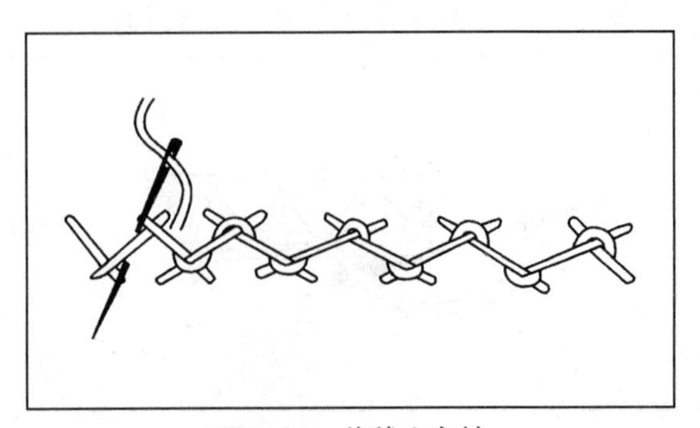

图1–28 绕线人字针

29. 凤尾草针

如图 1–29 所示，凤尾草针缝制方法是 1 处出针，2 处进针，从 3 处出针，先缝下斜针 1–2，然后按顺序缝横线 3–4 和上斜线 4–5，做 4 进 5 出，此针法属于宽线形针法，并列几行可成条纹花样。

30. 罗马尼亚针

如图 1–30 所示，罗马尼亚针的缝制方法是，从 1 处出针，2 处进针，3 处出针后再从 4 处进针，从 5 处出针，往复操作。此针法具有轻松感，在填补空间和宽线条装饰时经常使用。十字绣中也常用此针法做陪衬。

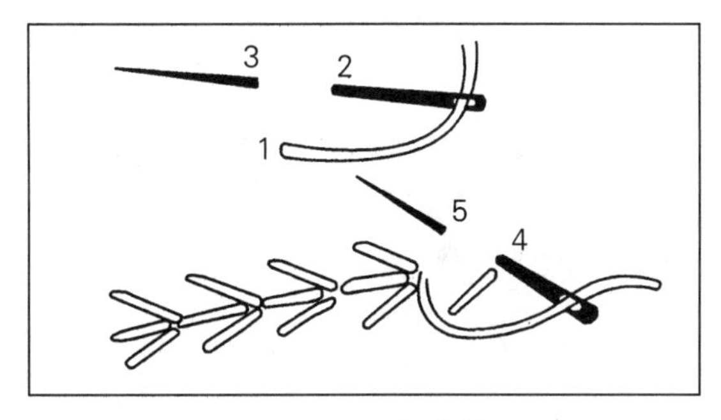

图1–29　凤尾草针

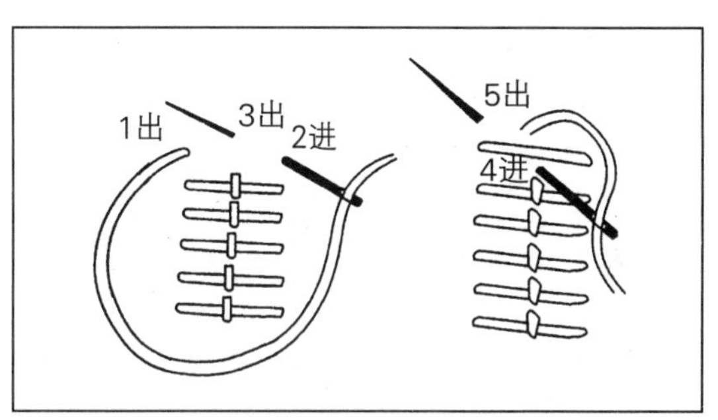

图1–30　罗马尼亚针

第二节　线迹装饰应用

一、线迹接缝装饰应用

线迹接缝装饰是在服装拼接缝合部位进行各种美化装饰的手法。它以花型线迹为基础，在两块需接缝的面料间形成一条图案型的装饰带。这条装饰带与布料在形态、质感上形成鲜明的对比，既富有独特的美感，又具有连接布料的实用功能。

线迹接缝装饰是以多种装饰性针法连接两块面料的工艺方法。这种接缝不同与一般缝合，它利用各式针法的线迹在面料间塑造了一条精致的几何图案的装饰带，给人以疏朗透明之感，类似“抽纱”的工艺效果，富有美感。针法接缝的布料以质地紧密、不宜开散为好，接缝时先将面料的毛边折光。接缝的线要结实，色彩视服装色彩而定，或协调统一、雅致悦目，或对比变化、明快热烈，以达到与服饰相匹配，体现出服饰的特点为宜。用于接缝的装饰性针法有绞花针、人字针、打结针、包梗针等。

1. 绞花针

如图 1–31 所示，从上侧布折边暗处出针，在下侧布折边的垂直位置上挑起，线在针头绕 1~2 个线圈按住拔针，并按接缝间隔的宽窄拉线；再从上侧布折边出线位置进针，过渡到下一个针位，如此反复就形成了平行的直条纹带状绞花。

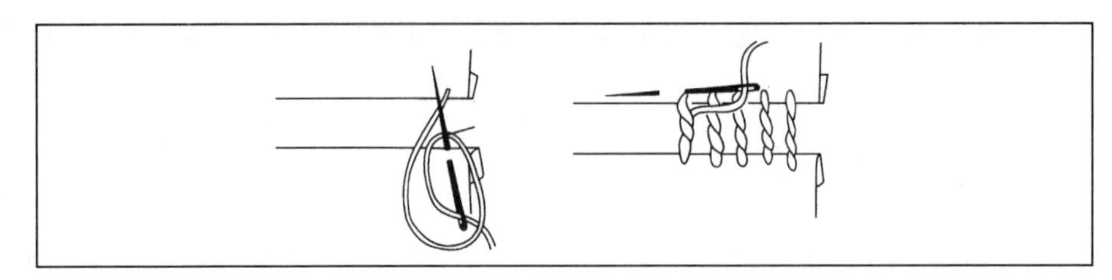

图1–31 绞花针

如图 1–32 所示，如改变针迹位置和进针方向，还可形成新的绞花效果，如图 1–32（a）所示；在此基础上，用色彩不同的粗绣线穿绕变化，能使绞花形态更为丰满、别致，如图 1–32（b）所示。

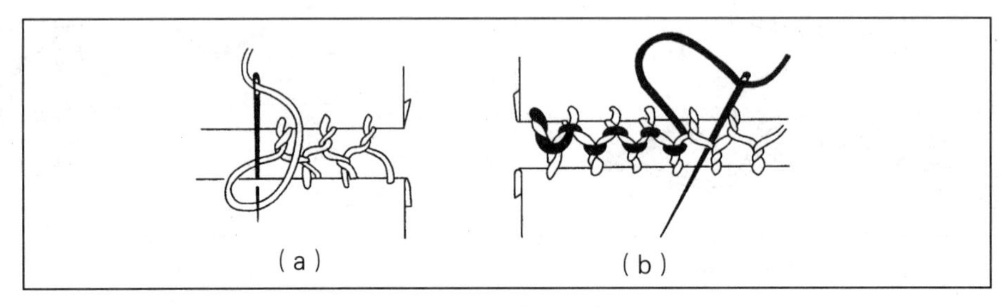

（a） （b）

图1–32 绞花针的变化

2. **人字针**

如图 1–33 所示，人字针接缝有多种变化，如上下布边各缝两针或三针并变化针距的长度；采用两种色线交错接缝，先挑出间隔较大的人字针迹，再用另一色线挑缝出交错的人字针迹；还可先将上下布边分别用锁边针锁光，再用另一色线在锁边针迹内绣出人字针。

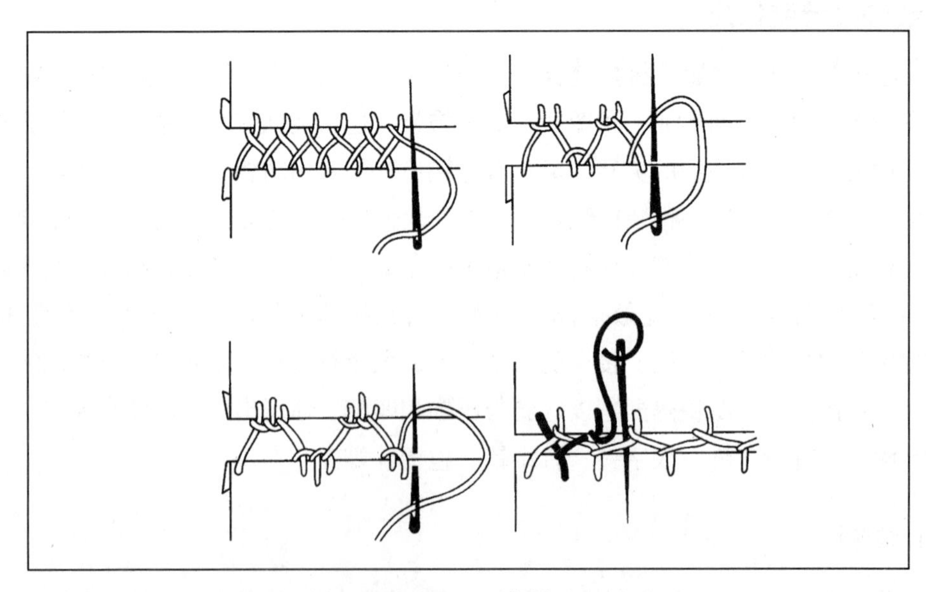

图1–33 人字针

3. 打结针

如图 1–34（a）所示，从下侧布端折转处出针，如图 1–34（b）所示，向上侧布边处进针，出针后线压住第一针并交叉，然后将针绕回，从交叉处线通过并从线圈内穿出打成结。如此上下交错打结，形成折线式锯齿状折线接缝线迹，如图 1–34（c）所示。

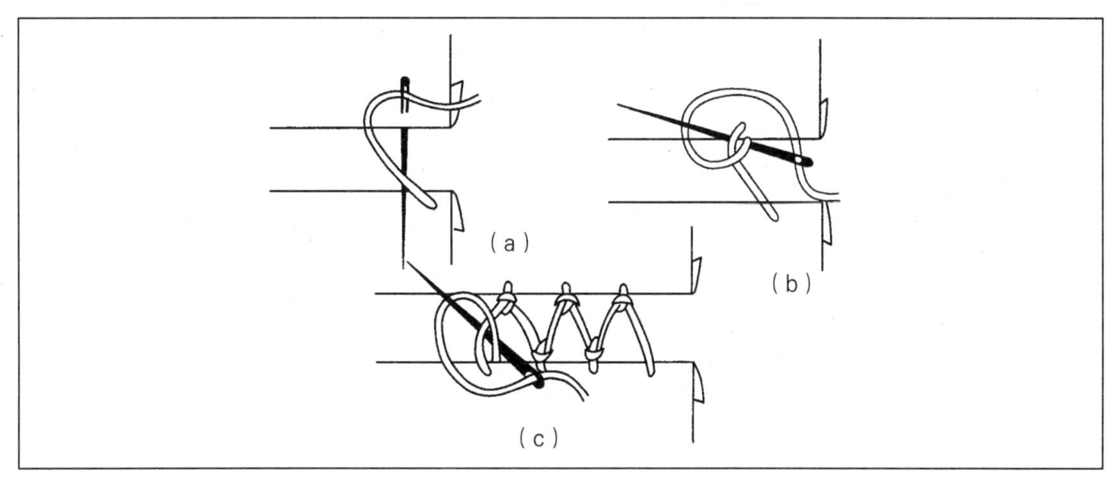

图1–34　打结针

也可如图 1–35 所示，像人字针一样，用两种不同色线做上下交错的打结，形成打结针的变化形式。

4. 包梗针

先将两块布折光或用锁边针锁光，然后用同色或异色粗绣线从锁边针线孔间斜向穿绕成包梗针，如图 1–36 所示。针法接缝除上述各种针法外，还可在此基础上加以变化，设计出装饰性更强、更新颖的接缝针法。接缝时要求针迹长短一致，排列均匀，接缝的宽窄要相同，使线迹形成的装饰带整齐、美观。

线迹接缝可应用于服装、窗帘、台布等的装饰接缝。许多室内装饰织物幅面都较宽，面料的门幅往往不够所需，若采用一定针法接缝并根据图案布局予以巧妙拼接，既能弥补面料拼接的痕迹，又能美化织物的外观形态，不失为实用性与装饰性两者兼具的好方法。

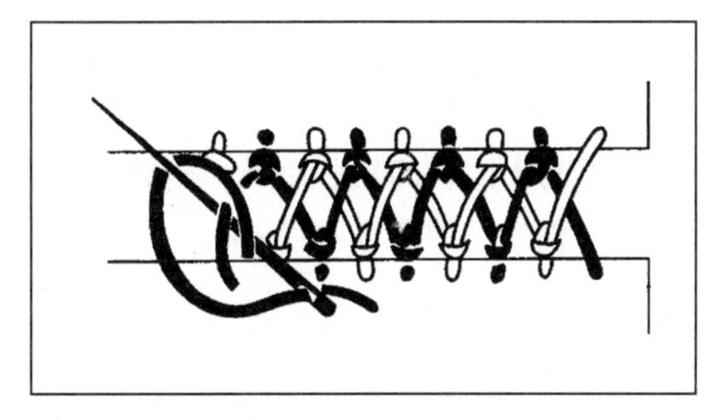

图1–35　打结针的变化

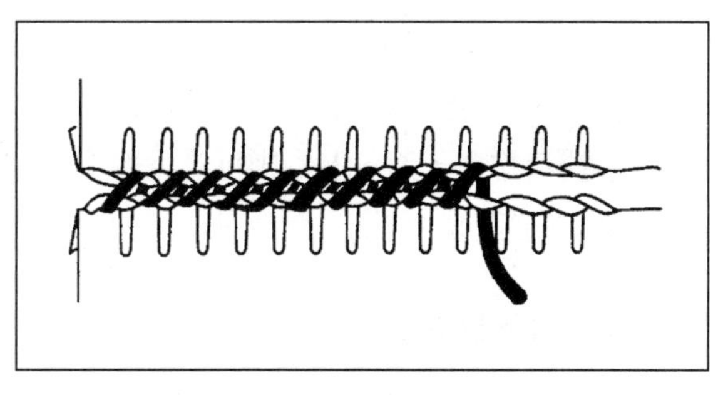

图1–36　包梗针

二、线迹抽褶装饰应用

应用线迹对面料进行再造型装饰设计是线迹装饰中富有特点的一大种类。它以布料本身为主，通常是在结合进一般如抽褶、褶裥、绗缝、拼接抽纱等工艺技巧的基础上，经过各种艺术加工，使面料呈现出丰富多彩、富有独特形态和装饰性的外观效果。

抽褶是较为简单的一种褶皱造型，是直接用缝线抽出一定的褶皱效果。按其外观形态的不同又有直线抽褶、衬芯抽褶和图案形抽褶三种。

1. 直线抽褶

在需要抽褶的面料上，间隔一定针距分别缝几排绗针，针迹要细密均匀，然后依据所需面料的大小进行长短抽紧，并将缝线打结，不使其松开。面料由平面形成树皮般不规则的褶皱，具有序浮雕状的凸凹效果，如图 1–37 所示。

直线抽褶在形态上还可以有其他形式的变化，如在布背面需绗缝处对折，沿着折缝边缘 0.1cm 用细密的绗针缝出很细的凸棱，然后抽紧缝线并打结，这种方法的面料褶皱较上一种不漏线迹、排列整齐，且缝制出褶皱造型凹陷形状明显，如图 1–38 所示。

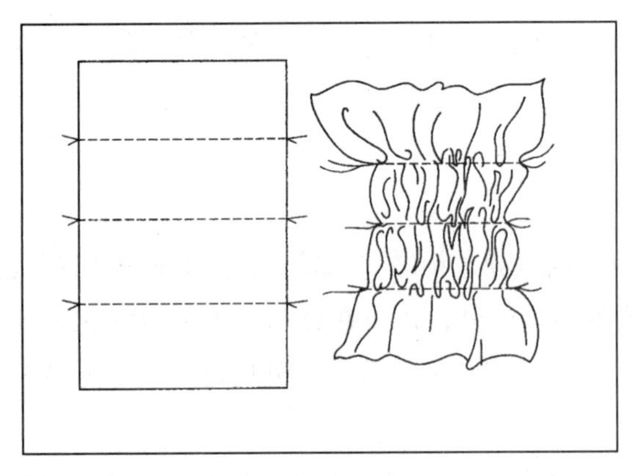

图1–37 直线抽褶

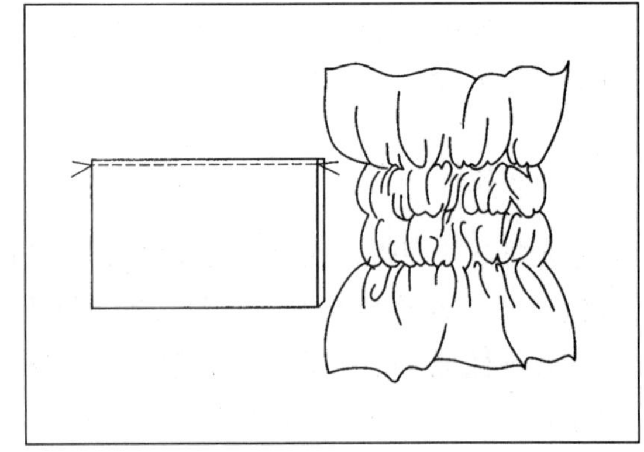

图1–38 直线抽褶变化

2. 衬芯抽褶

这是一种衬以芯料的立体抽褶，衬芯料可以是绳带，也可以是圆棒，如小竹棒、铅笔杆等。缝制时，将衬芯料置于布料的反面夹料对折，以均匀细密的绗针从正面将两层面料绗缝，使面料呈管状包裹住芯料。然后抽紧缝线，拍匀衬芯处面料的褶皱，线尾打结；再用蒸汽熨斗进行整烫，最后抽出衬芯的绳或棒，布料表面即呈现管状凸起的抽褶。如果数条衬芯抽褶排列于面料上，则可产生两层褶皱，一层是凸出面料的衬芯褶皱，一层是两条衬芯之间凹陷状的皱纹，凹凸对比鲜明，装饰效果十分别致，如图 1–39 所示。

3. 图案形抽褶

这是一种按一定图形抽出的花形褶皱。制作时，在面料的背面描上设计的图形，多以圆点、三角形、波浪形、山形折线等单纯、简洁的几何图案形构图。在面料背面按图案线折转面料并捏起凸棱，然后沿着折棱 0.1cm 以绗针缝合，同时适度抽紧缝线，边缝边抽，缝抽完一个图形，将缝线打结。所有图案全部缝完后，用手将所缝图形撑开，使图形显得饱满而醒目，再从面料背面整烫，此时，面料正面即呈现出浮雕状的抽褶图案，如图 1-40 所示。

花样抽褶多以柔软并具有一定拉力的薄布为宜，其装饰效果明显，立体感强，广泛应用于棉服、时尚服装中。

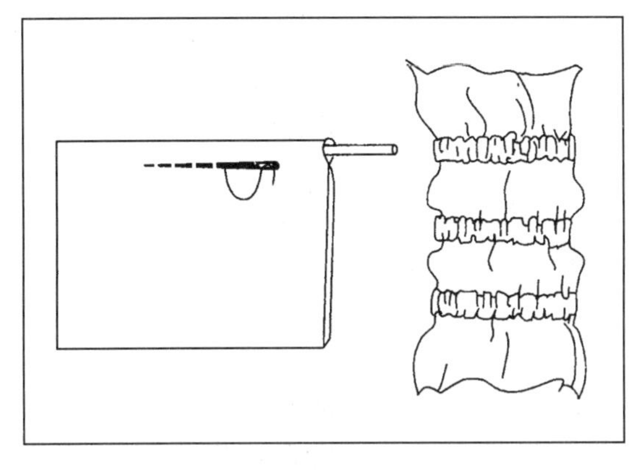

图1-39　衬芯抽褶

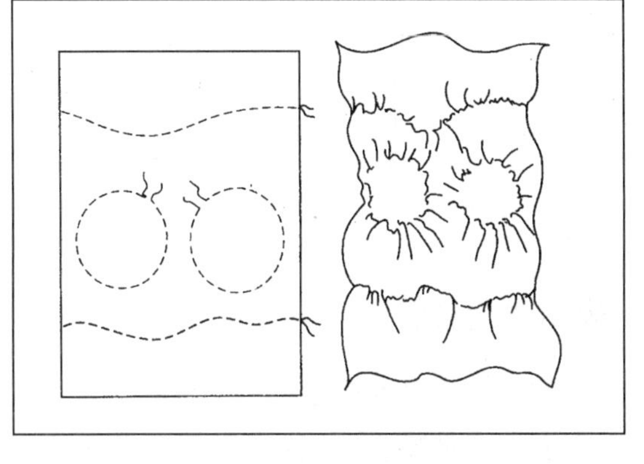

图1-40　图案形抽褶

三、线迹褶裥装饰应用

线迹褶裥装饰是一种服饰装饰方法，在适当位置应用线迹褶裥装饰可使面料呈现凸凹皱褶的肌理效果或立体感较强的几何形花纹，与未经处理的平面型面料构成明显的形态对比，装饰风格自然朴实，明朗大方。

1. 百叶褶

百叶褶常见于室内装饰面料和居家服造型中，分顺风褶、逆风褶和倒风褶 3 种。顺风褶的制作方法是：首先将面料按褶裥大小折叠烫平，用机绗缝线迹固定有关部位（图 1-41）。逆风褶、倒风褶要按图 1-41 所示将这褶裥折成逆风、倒风方向后，用机绗缝线迹固定即可。

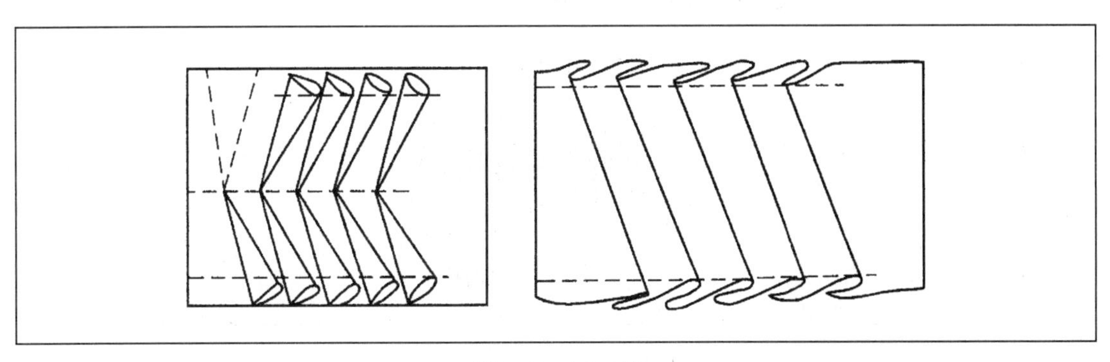

图1-41　百叶褶

2. 十字褶裥

如图 1-42 所示，此种褶裥最好在裁剪衣片之前做好。首先标出面料长度方向的褶裥标记，接着将其缉缝好并向一个方向烫平；然后用相同的间隔，在织物宽度上标出并缝出宽度方向的褶裥，向一个方向烫平，之后，便可用来裁剪衣片了。

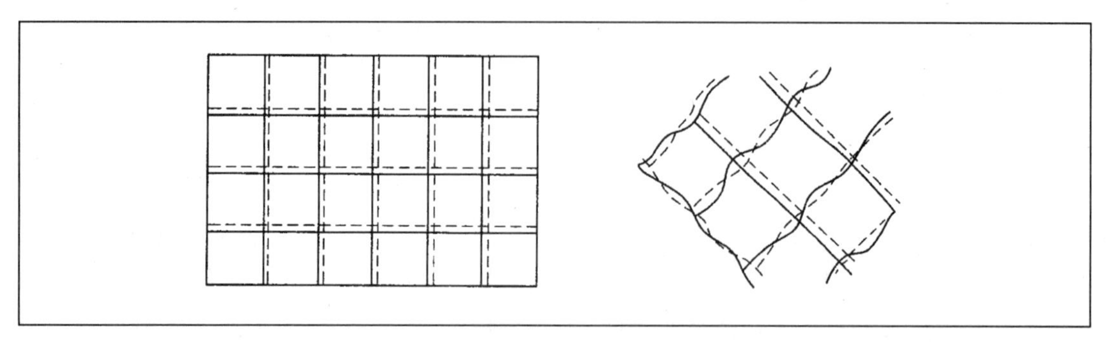

图1-42　十字褶裥

3. 打缆褶裥

打缆褶裥是面料造型的一种技法，是把常见的对褶、顺褶加以变化而产生的阴影，其有较强的立体感，应用花型线迹装饰和刺绣一起使用，还可产生柔软的美感。打缆褶裥常用于胸衣、女衫、礼服、居家服及居室布艺装饰中。

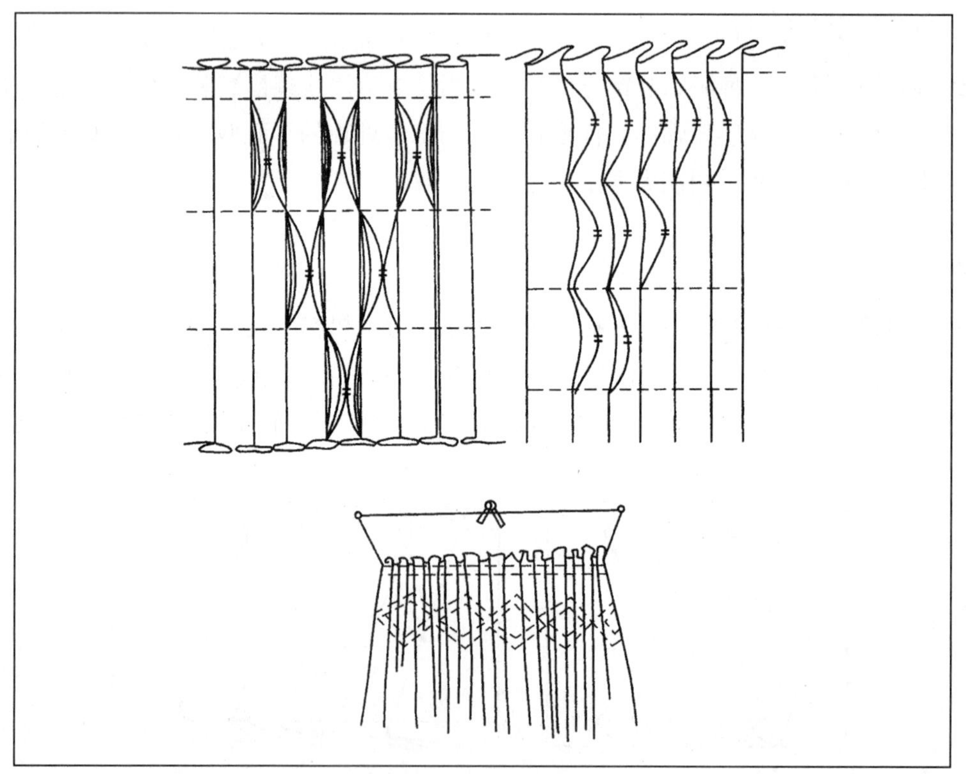

图1-43　打缆褶裥

制作方法：先把布折成褶裥，或对褶或顺褶。然后在横向以褶裥宽4倍的间隔扦缝，再用缝纫机缉缝，之后拆去扦缝，再从正面褶裥中心向内侧穿线，把相邻两个褶棱用针挑起，绕线两周，打结钉住。顺褶是把褶棱向反面钉住，然后把线引到反面，接着缝缀下一个褶棱，缝缀时可根据设计间隔交错进行，以变换花样，如图1–43所示。

四、绗缝缉花装饰应用

绗缝是面料造型中制作简便却变化丰富的一种装饰方法。一般来说，服装缝纫时很少暴露线迹，而绗缝缉花则是巧妙利用线迹形成装饰花纹。绗缝线迹要整齐流畅，所以绗缝缉花必须用缝纫机制作，缉出均匀整齐的针迹。缝合性绗缝、装饰性绗缝和衬芯绗缝是常见的绗缝方法。

1. 缝合性绗缝

缝合性绗缝是服装拼接、缝合的制作过程中，有意识地强调线迹装饰，使其具有一定装饰性的一种工艺。这种绗缝在户外服及牛仔服服装中运用较多，服装每一部分缝合时都要充分显露出线迹，如领子、肩复势、门襟、衣袋、袖口、下摆、裤缝、裤脚口、裤腰等。绗缝时缝线较粗，且色彩与服装面料对比强烈，如蓝色面料上使用黄色、橘黄色、红色、白色等线缝制，以达到线迹明显、引人注目的效果。此种装饰工艺使牛仔系列更显粗犷、豪放，还可用以块面分割绗缝装饰，颇具现代装饰风格。

采用缝合性绗缝工艺装饰的服装面料一般为单色，且质地较厚实。由于这种绗缝与服装缝纫紧密结合，所以线迹没有过多的花色变化，多为双线缉缝，简洁、质朴。

2. 装饰性绗缝

装饰性绗缝与服装缝合可以没有直接关联，是一种单纯的装饰线迹，以增加服装某些部位的美观，如牛仔服衣袋、裤袋上就常配有装饰性的绗缝花纹。户外服中常采用的装饰性绗缝还可有意识地按照服装各种部位的形态特点进行缉缝，这种绗缝多用于户外装、时尚年轻人的服装与童装中，与前面介绍的缝合性绗缝结合运用，显得活泼而有情趣，具有时代气息，如图1–44所示。

装饰性绗缝在面料、线型及色彩选择上与缝合性绗缝相同。缉缝出的装饰花纹有两类，一类是几何图形的组合变化，绗缝于衣领、口袋、肩部、袖口外侧、下摆、裙摆等处；一类是模仿服装某些装饰附件的形状，假缝于相应的部位，活跃服装的形态结构。装饰性绗缝的图形一般较为简单，多为双线缉缝构成图案，缝制简便而装饰效果却极富变化。

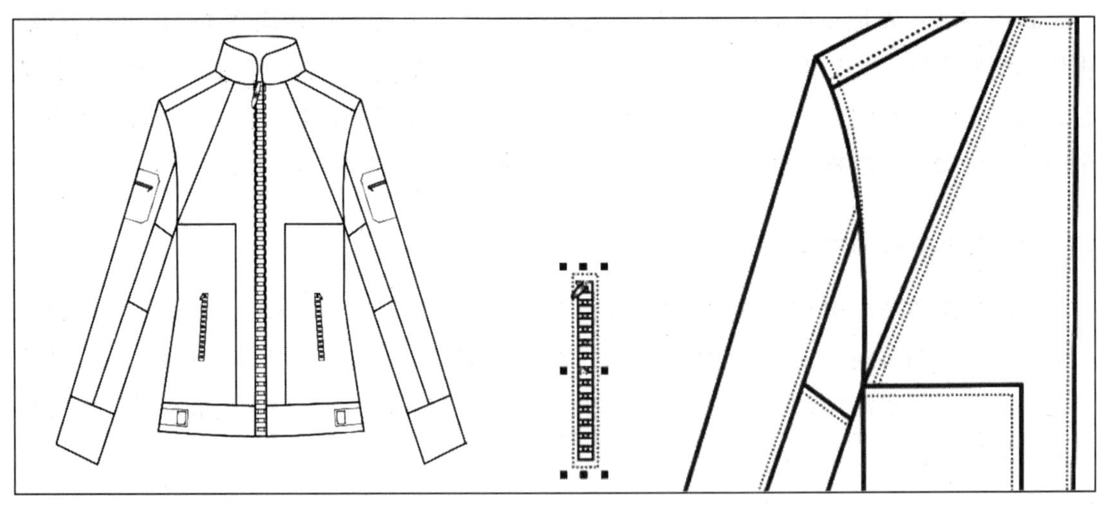

图1-44　装饰性绗缝

3. 衬芯式绗缝

衬芯式绗缝是布料中衬以松软棉类材料后再进行绗缝的一种装饰方法，衬芯式绗缝包括整体衬芯缉花和局部衬芯缉花。

衬芯式绗缝是近年来随着尼龙衬芯服装的兴起而产生的一种绗缝缉花工艺，它兼具缝合性与装饰性双重功能，在服装上使用广泛。这种绗缝大多运用于素色化缫织物或丝绸面料，衬芯以羽绒、丝绵、羽绒绵料等填充的棉服上，利用缝纫机的针迹可以缉出各种各样的花纹，缉花绗缝线迹既固定了面料与衬芯材料，又形成十分美观的线迹图案。由于衬芯填充松软而具弹性，使缉线花纹呈凹凸立体形态，圆润饱满，装饰效果时尚、别致。

缉花绗缝的图案很多，有条格、云纹、几何图形及花草纹样等，如图 1-45 所示。要求图案简洁、布局匀称，花形排列巧妙，尽量设计使绗缝线迹相互连接，从起针到结束能一次完成，针迹既不中断，也不重叠。时尚棉服应用这种工艺，可以整件服装缉出花纹，形成连续花纹效果；也可局部装饰在领子、门襟、袖口、裤口、袋口等处，棉服衬芯缉花后，既美观又增加了丰厚度与立体感。我国丝绸服装中就常采用这种工艺美化服装，制成云花装极具民族风格。

（1）整体衬芯缉花

整体衬芯缉花除在服装上应用外，还可用于室内装饰，如绗缝被、床罩等床上用品。由于绗缝被内衬棉絮类松软的保暖材料，表现形成凹凸花纹，绗缝花纹效果突出，是近年来较新颖的一种床上用品。

（2）局部衬芯缉花

局部衬芯缉花是将花纹部分衬芯缉缝的局部绗缝方法。先按图案形态将面料与里子缝合在一起（里子需剪得比图形略大），并预留一定空隙不缝合；然后在空隙处塞入腈纶棉或海绵等松软材料。绗花纹样多为边角纹样，立体浮雕感强。

图1-45　绗花绗缝时尚冬装

五、立体花边装饰

花边是服饰中使用极广的一种服装辅料。花边一般为平面带状物，由机织、刺绣、钩编而成，并有实地刺绣与镂空花形之别。然而，立体花边是由布料按设计花形折叠、缲缝而成，具有选材广泛、造型优美、装饰风格优雅大方的特点。立体花边的种类及制作方法如下。

1. 贝壳花边

贝壳花边如图 1-46 所示，此花边多用于女夏装的装饰上，可使服装显得优雅、精致。制作时先在布面上缉 0.5cm 宽褶裥，然后在褶裥缉线上每隔 1cm 将褶裥边缘缝在线迹上，来回缝 3~4 针后回 1 针，以确保缝线不至松脱，完成第一个贝壳边造型。接着缝制第二个小贝壳，直到缝完整个衣边。

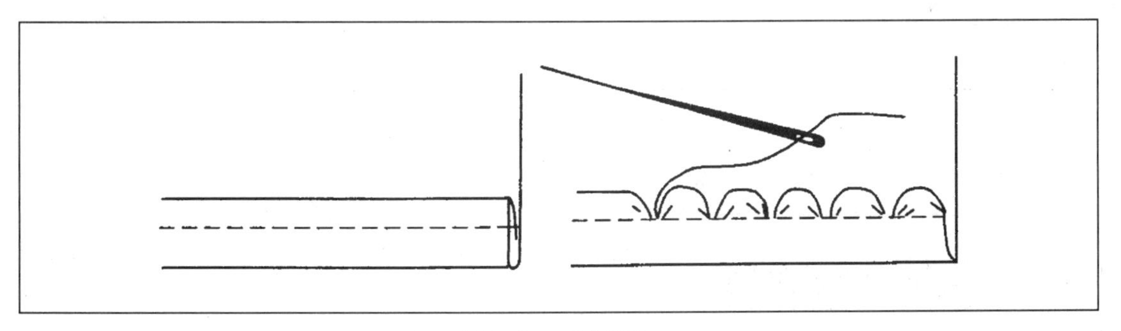

图1-46　贝壳花边

2. 馄饨花边

馄饨花边如图 1-47 所示，此花边多用于女夏装的领部、胸部、肩部等处装饰。取

3cm 宽面料斜条，长度是所需花边长度的 2 倍。折三折扣烫好，扣烫好的布条宽 1cm，两边为光边。然后由右向左缝制，在布条两端各挑起 0.1cm 起针，抽紧线固定二三针，以防松脱。再将针从此针结下穿过，在距此结 1cm 处重复操作，直到缝至尾端，将缝线回针打结。

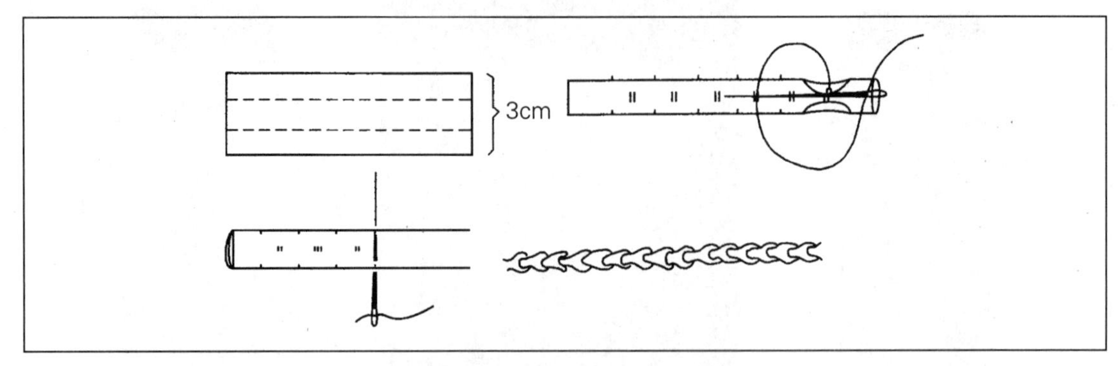

图1–47　馄饨花边

3. 抽花边

抽花边可用于装饰服装领部、肩部、腰部、袋口等处，其制作方法如图 1–48 所示。取 3cm 宽面料斜条，长是花边长度的 2.5 倍，折成三折熨烫好形成 1cm 宽窄条，然后在窄条上沿 45° 平缝三角形，至拐点处要缝至窄条边缘，最多边缘留出 0.1cm，把线拉紧，花边效果如图 1–48 所示即成。

4. 三角花边

三角花边是以多块布料折叠连接成的锯齿形花边。将布料剪成 3cm 左右见方的小方块，每小块布经两次对折成一个小三角，使折角口朝向一面，然后将后一只三角塞于前一只的夹层中，边塞边在离锯齿口边缘 1cm 处缉一道直线，将每只三角形连接起来，即成一条立体锯齿状三角形花边，如图 1–49 所示。

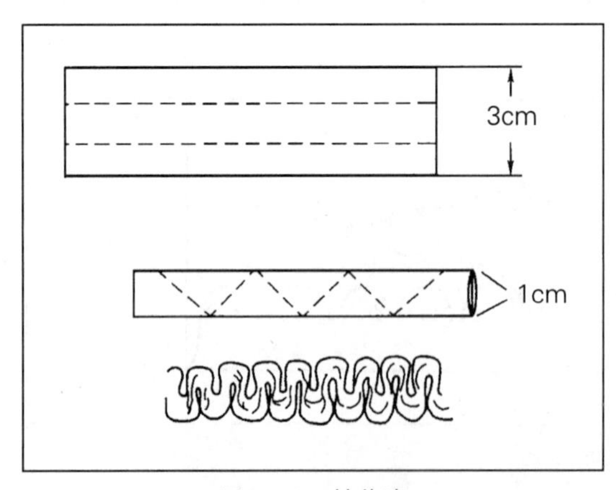

图1–48　抽花边

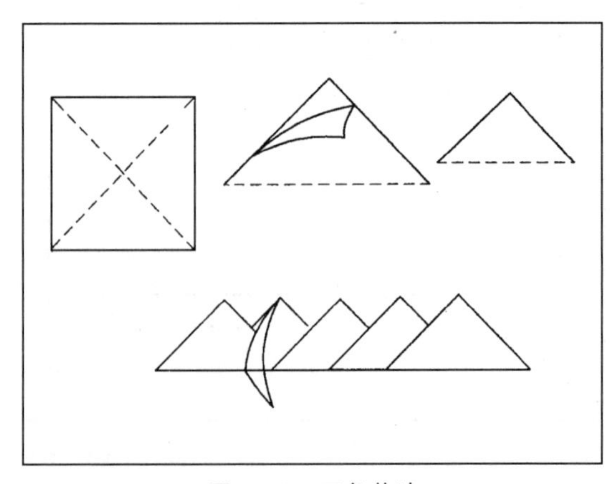

图1–49　三角花边

第二章　刺绣装饰

刺绣是服饰装饰技法中一种重要的服饰形式，因其材料和工艺的不同，又因其图案风格各异而形成多姿多彩的装饰效果。我国是最早以丝线用于工彩绣的国家，刺绣工艺历史久远，技艺精湛。

随着现代纺织工业的发展、姊妹艺术的相互影响和中外文化的交融，当代刺绣技艺、刺绣材料和刺绣工具等方面都呈现出前所未有的风貌和特色。雕绣、抽纱绣、绒绣、珠片绣、丝带绣等新的绣种层出不穷，除棉、毛、丝、麻外，化纤产品也是刺绣材料的佼佼者，除常用丝线、绣花线外，羊毛开司米、腈纶毛线、珠子、闪光片、花边、贴钻、缎带也加入刺绣材料中。在刺绣方式上，有手工刺绣、缝纫机绣和电脑机绣方法等。刺绣的新款式、新花样不断涌现，在现代服饰中，传统刺绣工艺焕发出日益迷人的光彩并保持着青春活力。

第一节　刺绣基本材料、工具与步骤

一、刺绣基本材料、工具

刺绣所用的材料与工具根据刺绣的种类不同而有所变化，应选择最有表现力、能达到最佳效果的材料进行刺绣，要使用适当的工具，以便得心应手。一般来说，刺绣的材料有布、线、针、剪刀、锥子、花绷子等。

1. 布

目前用于刺绣的面料种类繁多。常用的棉布类有平布、府绸、斜纹布、纱卡、条格布、劳动布、牛仔布、水洗布等；毛织物类有板司呢、薄花呢、女士呢、法兰绒、天鹅绒等；丝绸类有电力纺、双绉、素绉缎、塔夫绸、绢绸、生绡、乔其纱、天鹅绒等；此外还有麻布、涤麻棉布、涤麻混纺、毛麻混纺、尼龙纺、涤丝纺等混纺和化纟织物。各类面料厚薄不同，并且织物的组织松紧不一，外观机理各异，应根据需求选择。

由于刺绣种类不同，对选择布料也有一些特殊的要求。传统刺绣多使用丝绸织物或棉布为刺绣材料，抽纱绣以亚麻布或平布绣制易出效果，而十字绣则应选择特制的十字布或织纹明显的平布。只有根据绣种的特点和要求选择适当的布料进行刺绣，才能获得完美的艺术效果并体现出不同绣种类的特点。

2. 线

刺绣使用的线一般为丝线和十字绣线。丝线光泽明亮，且可根据需求劈成多股，用于绣制精致的花纹，我国的传统彩绣大多以丝线绣成。十字绣是以专业绣布、绣线为刺绣加工材料，线体柔滑并具有一定的丝光，色泽十分丰富，按色谱分类有260余种。十字线适用范围很广，在棉布、丝绸、毛、麻、化缲织物上均能使用，是目前刺绣中使用最多的一种绣线。

随着刺绣种类的丰富和服饰美化的新需求，目前使用的线除丝线、十字绣绣线外，还有金银线、粗细不一的麻线、丝线、滚条、宽窄厚薄不一的扁平丝带、缎带等。用于扎捆和包装的塑料绳也可以作为绣线，使用得当，会另有一番新奇别致之感。

3. 针

常用的刺绣针是9号长针，这种针长而细，使用方便，特别适宜在薄型面料及组织紧密的面料上刺绣；各种型号的毛线缝针因针较粗、针孔较大，常用开司米、毛线等绣线在布纹粗犷、组织松散的面料刺绣。应根据绣线的粗细选用相应的绣针，细线用细针，粗线用粗针，否则将导致刺绣时运针不畅，影响绣品的质量。

4. 剪刀、锥子

需要两把剪刀，一把裁剪剪刀用于布料裁剪，一把翘头绣花剪用于修剪线结和开缝。锥子用于在布面上扎孔，以便调节绣花线，使其顺畅通过，锥子不常使用，只是在面料较紧密、绣线较粗时使用。锥子以尖端平直、光滑、不勾挂布料为好。

5. 花绷

花绷有圆花绷、方花绷和长方形大花绷三种。圆花绷一般是竹、塑料材质的，由两层竹圈、塑料圈组成，附带有调节松紧的螺丝，直径大小不一，用手握持时以手指尖能伸到花绷中心为佳。方形花绷是木质、金属材制的，木质方花绷绣布用图钉固定在绷上便可，金属方花绷配有专门的扣夹固定绣布，使用方便。长方形大花绷也有木质、金属材质的，木质的两根横木较粗，木板上留有孔眼，插入横木后以销子固定；金属材质大型花绷方便组装拆卸，下有滑轮，可在床上、座位上以各种坐姿刺绣，配有扣夹固定绣布，大长方形花绷尺寸较大，多用来绣制大件绣品。

日常服饰刺绣使用最多的是圆花绷，因服装上一般是局部装饰，幅面不大，使用圆花绷灵活方便，易于绣制。

二、刺绣步骤

刺绣的步骤大致为设计图案，选择、准备材料与工具，花样上布，绣布上绷，绣花，整理等。

1. 设计图案

服饰上的刺绣图案是服装与饰品的一个重要组成部分，一般在服饰的整体设计时就予以考虑，根据设计意图，应在图案的风格、色彩、装饰部位、绣制工艺等方面进行全面筹划，使图案与服饰配合得协调、统一、完美。服装上的刺绣图案一般都集中在衣领、胸部、下摆、门襟、袖口、袋口等处，近年来，在背部、袖子外侧绣以花纹也较多见。由于刺绣图案只是服装上的点缀部分，所以图案幅面一般不大，用色也不太多；花纹宜简练生动，忌过分繁琐；还应根据不同穿着对象的特点、不同服装款式的需要，设计适宜的图案。室内装饰用绣品可按照自己的爱好、绣品的用途，室内的环境与色彩、放置的位置等设计图案，使刺绣图案与整个环境协调一致，取得统一中有变化的装饰效果。

2. 选择、准备材料与工具

根据设计的意图，精心选择最能体现构思意图、最具表现力的面料，绣线，花绷，剪刀以及其他材料与工具，为着手刺绣做好准备工作。

3. 花样上布

把设计好的图案描绘到所选择的面料上，这是刺绣中的关键工序。图案勾描到绣布上必须准确无误，线条轮廓要清晰并保持绣面的洁净。花样勾描上布的方法有多种，可根据面料的色彩、厚薄等实际情况而定。

（1）誊写法

先把纸上样稿花纹的轮廓线以黑或蓝等深色描浓，然后将布料覆在上面直接描绘。勾描时用硬铅笔，线条要尽量画的细；布与图纸应设法固定，避免因移动而产生花型变化。此法适用于中、浅色的薄布料。此外，透光誊写法的效果更好，这是将一块玻璃搁在架子上，玻璃下面放置一电灯，花样样稿放在玻璃上，再盖上布料。点灯开亮，经过透光照射，反映在布料上的花纹十分清晰，即使布料略厚或颜色稍深，也能透出花纹。

（2）复印法

复印法是日常普遍使用的花样上布法。在花样纸稿和布料中间夹一张复写纸，用铅笔沿花纹轮廓线轻轻勾描，或以笔尖点成连续的虚线。勾描时必须注意布面的洁净，切勿把复写纸的色蜡黏印到布的其他部位，白色或浅色布料要特别小心，以免影响绣品的美观。

（3）扑粉法

扑粉法花样上布适用于深色面料。先将花样画在牛皮纸或比较结实的纸上，然后用锥子或毛线针沿花纹轮廓线刺出一个个小孔；再把纸放在布上，在有孔的部位扑上白粉并用手指尖反复擦拭，这样布面上便漏印上连续的点子并形成花纹。需注意的是白粉不要扑得太多，以免污损布面。

除上述 3 种方法外，还可根据刺绣种类与绣面材料的不同使用其他花样上布法，但总的原则是保持布面整洁，不使图案变形为佳。

4. 绣布上绷

把描绘好花样的绣布上到花绷上，需注意绣布的松紧要适当，经纬线的纱线要平直，使绷好的面料达到平、直、紧的效果。若绣布为滑爽的缎子或尼龙绸，可用一层纱带或布带将花绷外圈包扎好，以增加摩擦力，以免绣布打滑刮损。此外，有些刺绣种类可不使用花绷而直接绣制，如贴布绣、十字绣、褶绣等。

5. 绣花

根据设计意图采用不同色彩的绣线、不同针法进行绣制，便可将设计构思的各种图案变为多姿多彩的绣品。绣花技巧复杂、针法多变、技术性强，绣制时需做到针迹整齐，边缘不能参差不齐；线路要顺，根据花纹形态决定行针方向，使直线挺直，曲线圆顺；针距一致，使针迹不重叠、不露底；手势均匀，控线不过紧也不过松，以免绣面不平服；要保持绣品整洁，绣前要洗手，绣绷不乱放。

由于设计意图与表现效果往往有一定的差异，绣花过程中，在色彩的搭配和针法的运用上要不断进行调整，以便使作品达到完美、理想的效果。不同刺绣种类各具特色，在针法与技巧上都不尽相同，需灵活运用。

6. 整理

绣品完成后，从绷上取下，修剪线结，去除污迹，在背面喷水后进行熨烫整理。需注意的是不要熨烫刺绣部位；绢丝类织物不要喷水，直接低温熨烫即可，以免出现水迹；灯芯绒、丝绒等绒类织物则要将绒面合折后用蒸汽熨斗熨烫。

第二节　刺绣的基本技法

刺绣以针带笔，以线带色，用各种不同的针法表现图案的神态。刺绣针法是一种以运针技巧的变化，把绣花线组织成各种特色画面形象的方法。

刺绣的针法很多，有的简单朴实，有的繁复别致；有的针法本身就能成为一种图案；有的图案则由多种针法组合而成。刺绣针法是表现图案形态的重要基础，一些风格不同的刺绣品种，如彩绣、雕绣、抽纱绣、十字绣等，也是由于绣制针法的变化而形成了各自的特色。因此，掌握刺绣的一些基本运针技巧和方法是刺绣的必修技艺，在此基础上灵活运用各种针法，才能完美地体现图案，才能进一步创新与变化，丰富刺绣的表现技法。

一、服饰刺绣方法

目前，服饰刺绣的针法有两大类，即机绣和手绣。机绣有电脑刺绣机、多功能缝纫机和普通缝纫机等工具，从而形成了不同的针法种类。

二、手绣基本针法

手绣即手工刺绣，针法变化多而灵活，线迹形态装饰性强，适宜在多种服饰及织物上刺绣，以下着重介绍手工刺绣技法。

手绣的基本针法从线迹形态上分有线形、点形、面形、链形 4 类。

1. 线形针法

线形针法是刺绣中最基本的，也是使用最广泛的一种针法。线形针法针迹整齐流畅，以线成形，能表现各种直线、横线、弧线、曲线、折线，多用于绣制图案轮廓或固定某种花纹部位，以增强牢度。

（1）行针

行针是刺绣的基本针法，也是手工缝纫中经常使用的针法。刺绣行针是以横向运针方法在布面上插下再挑上，不断重复，依次向前，形成上下等距离似虚线的线迹，如图 2–1 所示。

（2）斜行针

斜行针是行针的一种变化，又叫倒回针。它前进一步、后退半步略呈斜上挑出，形成线迹互相连接的线条，线迹从左向右，如图 2–2 所示。斜行针在刺绣中应用广泛，直线或曲线等条型花纹均可用此针法表现，绣制时要注意针距的一致于适当，一般掌握在 4~5mm 左右；在绣制弧线和曲线花纹时，要使线迹随花纹的走势逐步改变斜度，线迹亦相应略短，使绣出的线条过渡得圆顺，线形可粗细匀称或渐粗渐细状排列。

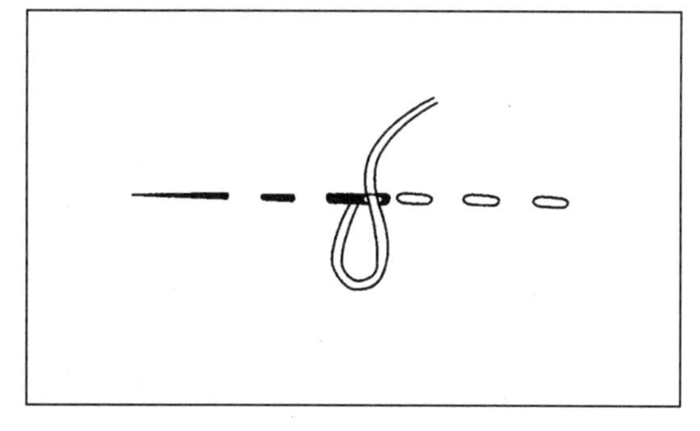

图2–1　行针

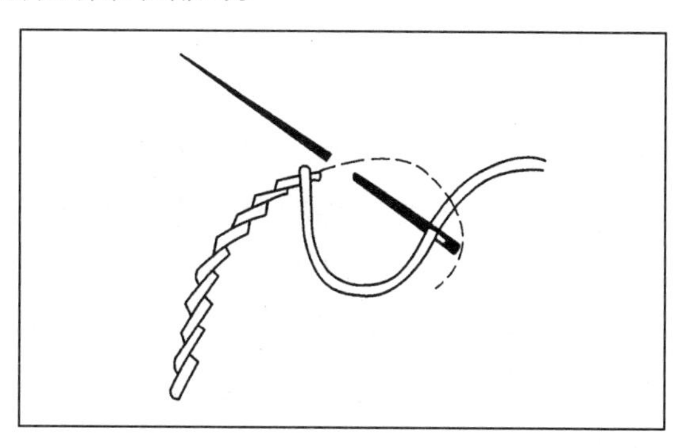

图2–2　斜行针

(3)回针

回针又称切针、钩针，是手工缝纫中常用的基本针法。绣制回针是将针从布的背面带出，退半步进一步，线迹自右向左，如图 2–3 所示。刺绣时常用于表现较细的直线和曲线。绣回针时要针距一致，针针相接，线迹要整齐、均匀。

(4)双回针

前图 1–6 所示双回针线迹较丰满，常用于表现粗线条，可绣制花纹轮廓、边框，刺绣时要使针距均匀，线迹交错有序，使两行线迹平行、整齐。

(5)流苏针

前图 1–7 所示流苏针常用于花纹与服饰边缘的装饰，新颖而有情趣。

(6)旋针

旋针是一种有特色的线形针法。在绣制过程中，每隔一定距离，绣线打一套结，然后再继续向前，使整根线条呈现边旋转边延伸的形态，如图 2–4 所示。旋针多用于花卉图案的枝梗、茎藤或装饰曲线等处，其线形活泼而有变化。刺绣时应使针距长短均匀，套结拉力松紧一致，使线迹呈现匀称、流畅的旋形变化线形装饰。

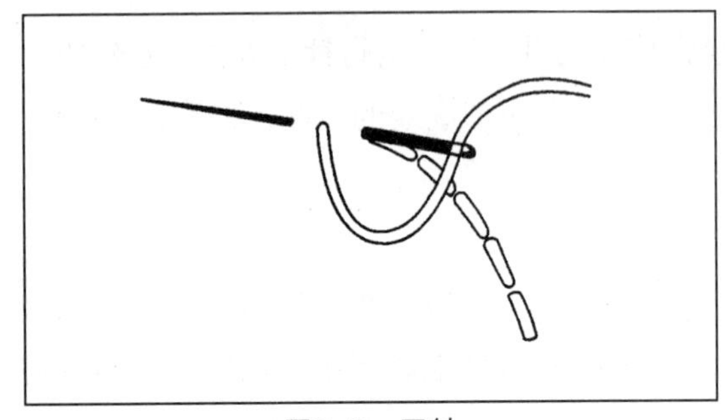

图2–3　回针

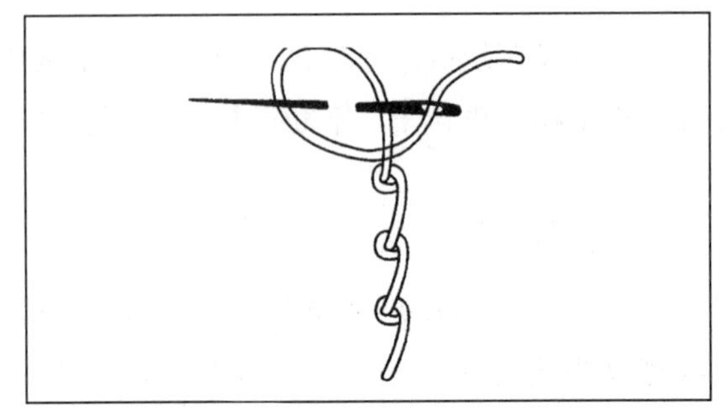

图2–4　旋针

(7)犬牙针

犬牙针又称人字针或八字针，这是一种呈折线起伏的线形针法。其运针简单，以横挑方式上一针、下一针地斜行向前，线迹呈整齐的锯齿形，如图 2–5 所示。犬牙针绣制时，要求线迹斜度一致、对称、整齐，在表现弯曲的线条图形时，尤其要使线迹顺应线条而逐渐改变斜度，自然过渡，保持犬牙针形态的匀称、完美。

犬牙针是一种常用的辅助针法，可以与其他针法，如打籽针、米字针等配合组成纹饰，形成较丰富的绣面效果。此外，犬牙针在形态上可增加些变化，如在斜行线迹的两端加一较短的扣针覆盖齿尖部，如图 2–6 所示为犬牙针变化的花式线迹，它可以采用多色线配合绣制。

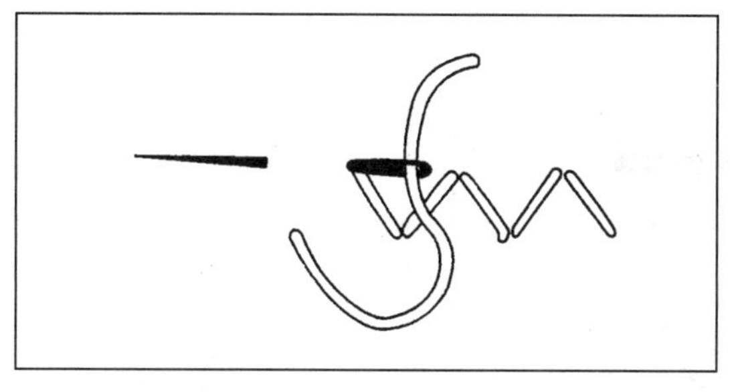

图2-5 犬牙针

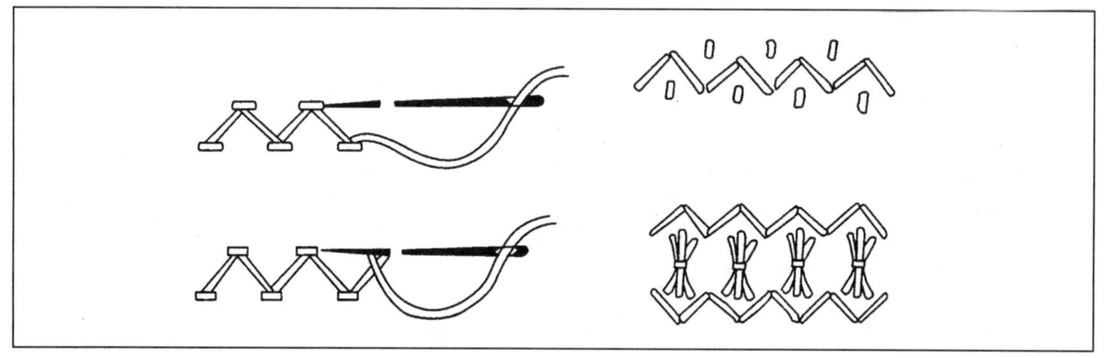

图2-6 犬牙针变化

2. 点形针法

点形针法在刺绣中常用于点缀装饰，其形态活泼且多为立体凸出效果。点形针法有简有繁，点子有大有小，富于变化，有些点形线迹还可组成线条图案和小花、枝叶，是刺绣中使用很广的一类针法。

（1）打籽针

打籽针又称打珠，这种针法与手工缝纫中的打线结相似，绣线在布面抽出后，将针贴近线根，以绣线在针上绕两圈，再在靠近原抽出处插入，形成一线结小粒子；出针与进针相距越近，这个线结就越紧，越突出，如图 2-7 所示。打籽针主要用于花朵花蕊的绣制，显得细小而饱满，若用较粗的绣线，结子更为明显，立体感很强，整齐排列后，具有统一有序的装饰性。

（2）绕针

绕针与打籽针相似之处也是绣线挑出布面后将线绕在针上形成线结，只是缠绕的圈数多些，根据花纹需要，需长就多绕几圈，需短就少绕几圈，一般以 8 圈左右较适宜。绕成后，以手按住线圈，将针抽出，使线在线环中穿过成轴，形成一个线环结，并将此结回复至原进针处抽紧，针再刺下布面，即成为长形颗粒结子，凸出于布面之上。这种绕针需要将线环扣得结实、紧密，使之形态饱满，如图 2-8 所示。

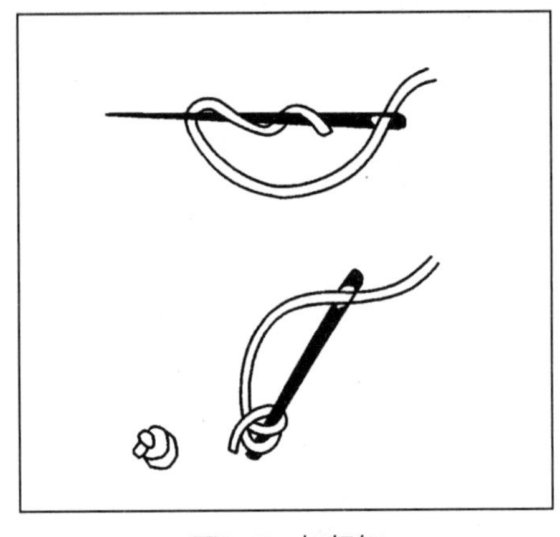

图2-7　打籽钉

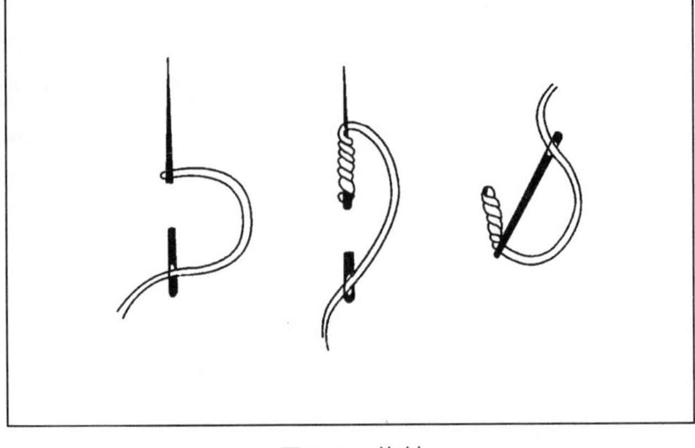

图2-8　绕针

绕针变化的花式装饰应用也较广，绕针常用于绣制小花、花蕾或几何形图案，图案效果十分活泼、醒目。根据各种花卉的特点，使线环结多个组合，可以组成小月季花、小菊花、小型装饰性花朵与图案，如图 2-9 所示。

图2-9　绕针的变化

（3）宝珠针

宝珠针是一种颗粒粗犷、明显而凸出的针法。具体绣法分三步：绣线从布面抽出后，针向右前方刺入绣一针行针，然后将针从此针迹中穿过而成一个十字交叉形，再从原线迹中绕穿一次，将针刺入布面，即成一凸形粒子，如图 2-10 所示。宝珠针绣制简便，粒子大而醒目，紧牢耐洗，可以单独作为点子花纹，也可连续成线条形，用于绣制较粗的花梗、枝条，其形态优美，装饰意味浓厚。连续绣制时，最后刺下布面的一针省去，直接绣第二个粒子。

（4）米字针

米字针是一种装饰性的小花点子，绣法简单，先直绣三针，然后在此中间部位横扣一针，收紧即成米字型。此针常作零星点缀之用，或与其他针法配合在一起形成装饰性的图案，其形式较活泼，如图 2-11 所示。

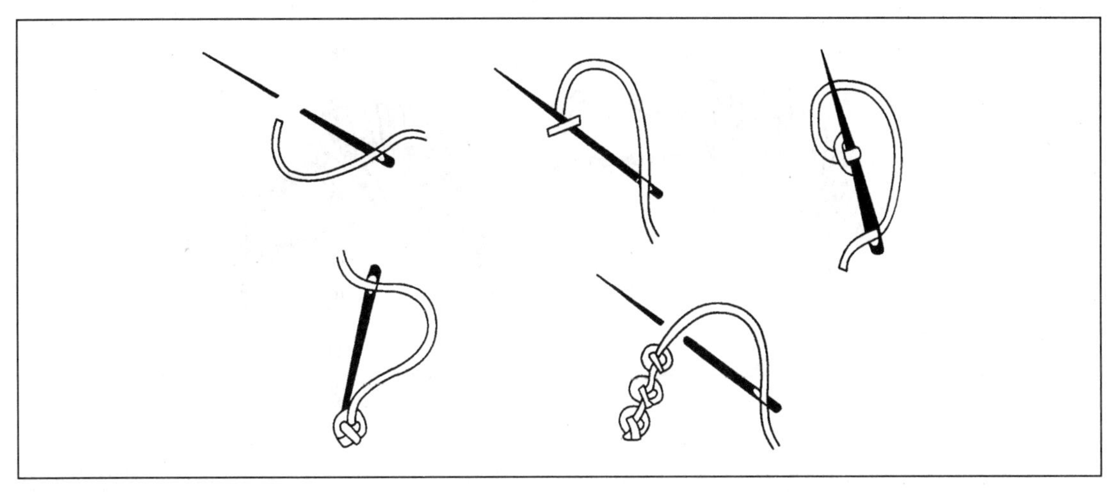

图2-10　宝珠针

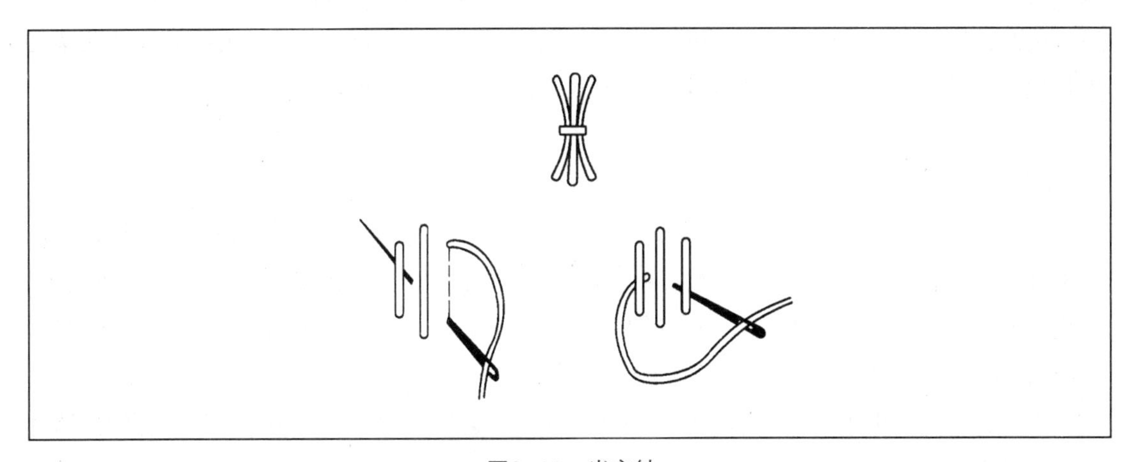

图2-11　米字针

3. 面形针法

面形针法是刺绣中使用很普遍的一种基本针法，与点形、线形相比，面形针法更能突出形象。面形针法绣制图案中的主要花纹，能充分表现出图案的体面与层次结构，丰富绣面效果并加强纹样之间的对比关系，这种针法具有广泛的实用装饰性。

（1）散套针

散套针是一种传统针法，多以彩色线绣制，线迹参差排列，针针相嵌，覆盖布面，能够细致地表现花纹的生动形态。绣制时要根据花纹块面的形态和大小一排排地绣嵌完成，第一排，一针紧靠一针，花形外缘针迹要整齐，内侧则长短参差；第二排，线迹嵌在第一排绣线之间，一针间隔一针，要衔接自然，排列匀称，并覆盖过第一排宽的3/5左右；以后各排绣法与第二排相同，最后一排的边缘针迹要整齐并排紧，如图2-12所示。

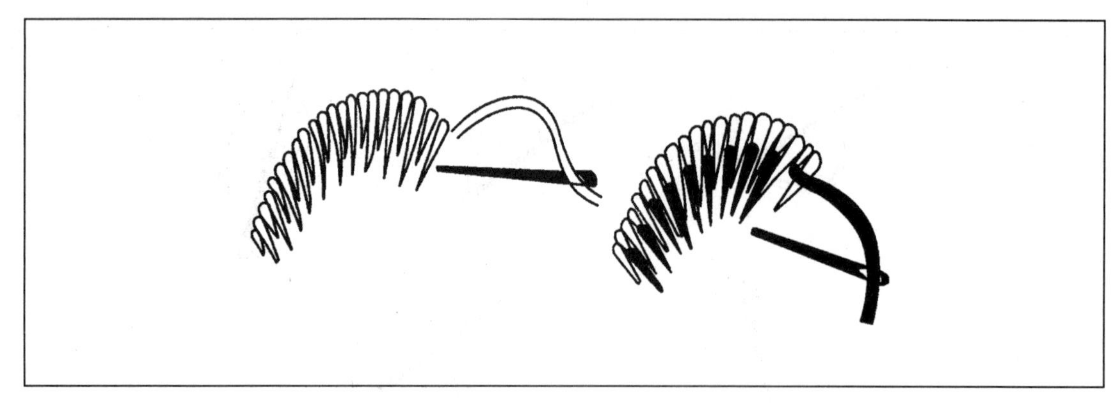

图2-12　散套针

散套针具有丰富细腻精致的绣面效果，我国传统的绣品大多采用这种针法表现块面形花纹，若采用深浅逐渐过渡的彩色线绣制，则层次丰富而柔和，具有优美生动的气韵。散套针适宜块面较大的环纹，运用时应使针迹散而不乱，齐而不板，要顺应花纹的姿态以及花草的生长规律运针布局，使花纹的神形兼具造型效果得到完美地体现。

（2）平绣针

平绣针又称包针、排绣，这是绣线将图案填满的一种刺绣针法。绣线横排或斜排，线迹紧密排实，既不留空隙，又不能重叠，要均匀整齐地填满整个花纹的图形。平绣针法较简单，但线迹的形态变化较多，根据花型的形态，一般是绣成一字形整齐排紧，有时也绣成斜形、人字形、交叠形、扣线形，如图 3–13 所示。

平绣针适宜绣中小形块面的花样，包梗绣便基本采用这种针法绣制。一般变化的平绣针法特别适宜绣叶子与团性花朵的花瓣，绣线按叶脉特点排列成叶片形。或使花瓣有别致的纹理效果，绣面显得生动、优美，富于装饰性。平绣针应使轮廓线迹准确流畅，针迹排列整齐有序，横、直线型的图案平直，不得扭曲；圆弧形的图案要圆润自然，针迹随圆弧形的走势逐渐过渡，以求针迹与图案形态的统一协调。

（3）篱笆针

篱笆针又称交叠针、绞形针或叉针，针迹相互交错重叠，形似篱笆状。绣法与犬牙针相似，上下交错横挑，只是犬牙针针迹向前，篱笆针逐针后退。手工缝绣时的缲边有时即使用这种针法，但针迹较疏；刺绣时则多采用紧密交叠的针迹，显得丰满、美观，如图 2–14 所示。篱笆针不宜绣块面较大的花纹，以免线迹暴露太长，影响牢度。

篱笆针若在布料反面绣制并将绣线适当抽紧，布料正面因此而略有起泡，形成立体效果的凸凹花纹，具有含蓄、婉约的装饰美感。

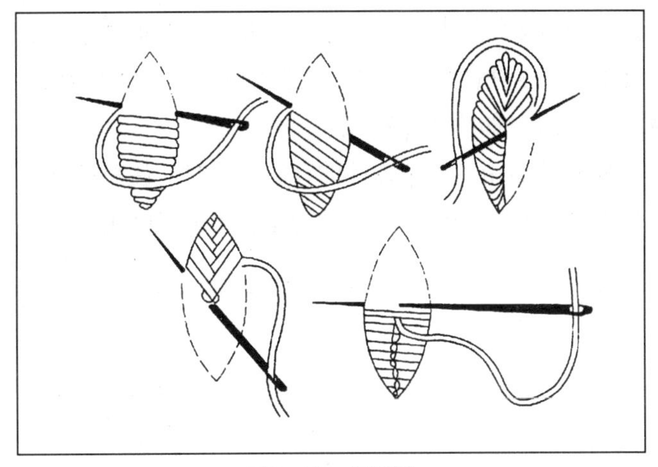

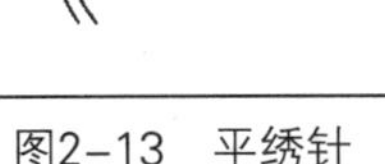

图2-13　平绣针

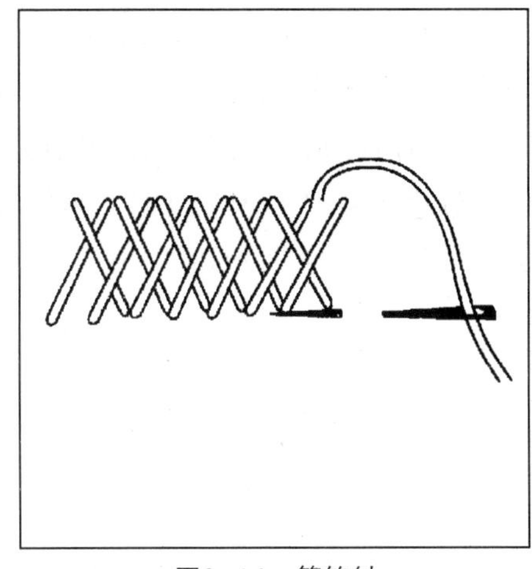

图2-14　篱笆针

4. 链形针法

链形针法是一种装饰性较强的针法，变化很多，绣法也比前面介绍的一些针法复杂，一般都经过绕、扣、压等不同技法，使绣线在布面上形成一个个环扣，连接成串后形似链条。这类针法形态优美，使用也较多。

（1）锁边针

锁边针是一种用途广泛的针法，线迹针针相扣，起着锁光图案的边缘之作用。锁边针有单式与复式之分，单式锁边针较简单，采用横挑针法，把绣线压在针下拉过，逐针挑下，线迹扣压锁成花形。复式锁边针在此基础上加以变化，针法略复杂，先以横挑针直接将线拉出（不必压在针下），然后在线迹的边口穿过打一线结。复式锁边针的线迹边缘呈粒粒凸起之状，比单式锁边针形态更为饱满，如图 2-15 所示。

如图 2-16 所示服装制作中的锁钮针即是一种复式锁边针，其结构、形态与复式锁边针颇为相似，只是针法略有不同，横挑针后，线套住针体再将针抽出。

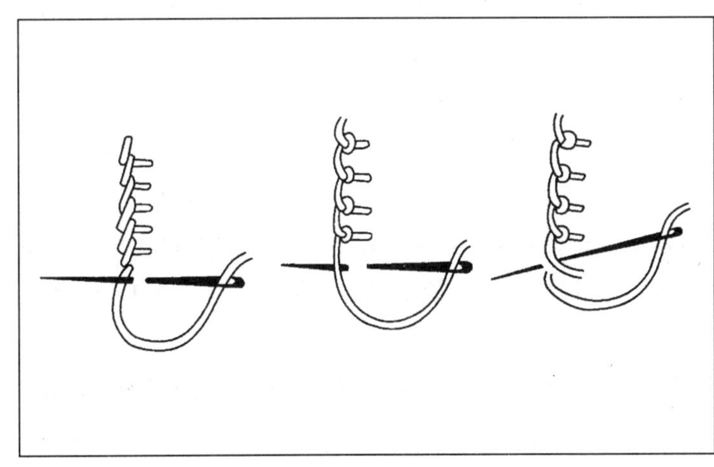

图2-15　锁边针

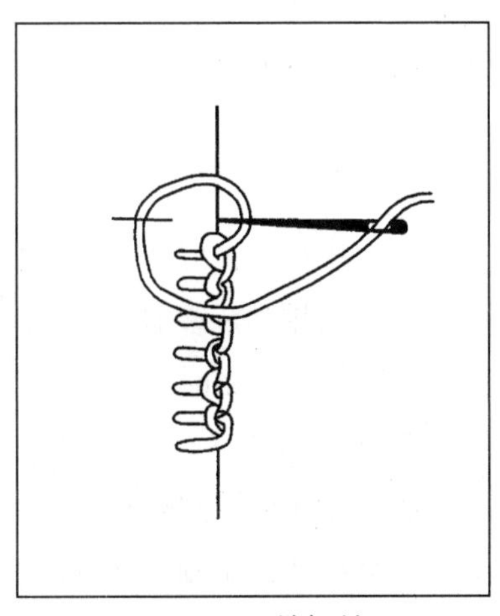

图2-16　锁钮针

锁边针可作为一种装饰性的针法与其他针法配合使用，但大多应用于贴布刺绣，一些绣衣在衣边锁花，手帕和台布的布边锁光亦常用这种针法。为使线迹变化丰富，挑针时疏密、长短上有所区别，其组成的图形更为优美、别致，如图 2-17 所示。

锁边针坚牢、耐洗，线迹美观，是一种兼具实用性与装饰性的针法。绣时应注意针迹与距离的匀称整齐，拉线时用力一致，避免时紧时松，否则，锁边的边缘就不够流畅饱满。

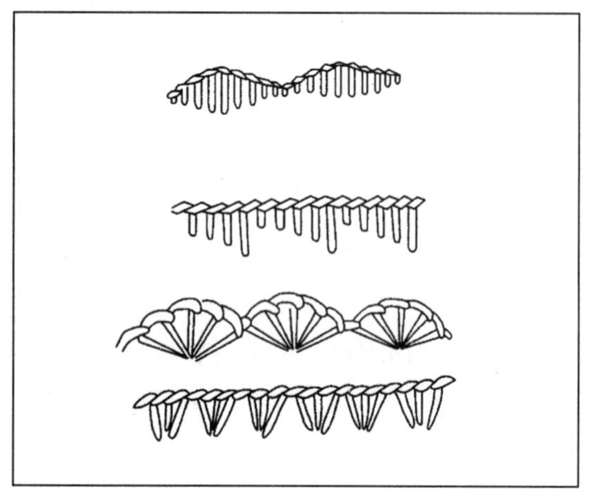

图2-17　锁边针的变化

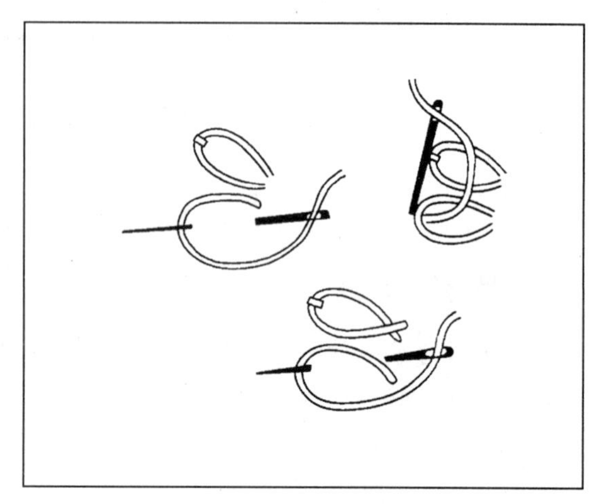

图2-18　套叶针

（2）套叶针

套叶针是链形针法中形象美丽、针法较简单的一种。单朵绣制时分两针完成，首先把线引向布面，绕线在稍离此针迹处入针，压住绣线横挑而出，然后抽针收线，再扣上一针即可。第一针入针点不同，可以形成两种不同效果的套叶花纹，如图 2-18 所示。

由于套叶针（如小花瓣），所以常组合成各式小花朵，如梅花、小菊花以及装饰性花。若花瓣较大，还可层层相套，绣成两三层结构，更为丰满、美观。套叶针也成串相连为链状，绣制时比单朵花更简便，只需一针即可完成绣制，适宜表现装饰性的线条花纹，如图 2-19 所示。套叶针绣时需掌握适当的线迹长度，套叶单朵不宜过大，以免线迹太长而影响形态的饱满和花纹的牢度。

（3）羽叶针

羽叶针的绣法与套叶针基本相同，只是线引出布面后，第一针入针时与原针距距离较远。羽叶针可以排列成多种图案，单独成花，线迹亦可有长短、宽窄、疏密的不同变化。羽叶针用于叶子的绣制时，若针迹排列紧密、针针相互靠，能形成十分清晰而优美的叶脉纹理，如图 2-20 所示。

羽叶针连续绣制时只需一针即可成形，多用于服装缝纫中呢衣里子的下摆缝光与美化，又称杨树花针或花绷。针脚由右向左，形式丰富多样，有一针交替、两针交替和三针交替，针法相同，只是针数有增减而已，可根据需要任意选择，如图 2-21 所示。

图2-19　套叶针的变化

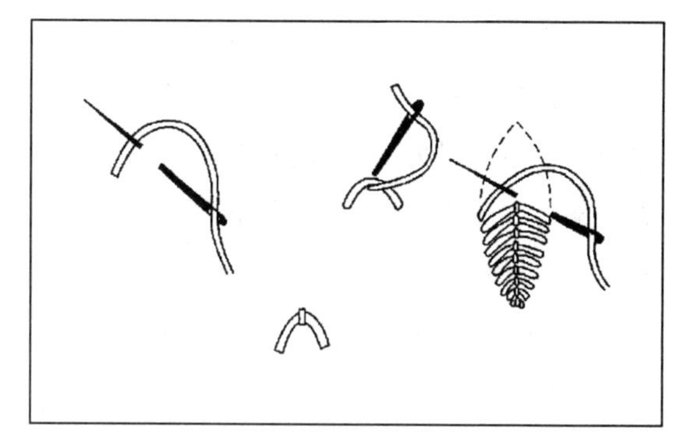

图2-20　羽叶针

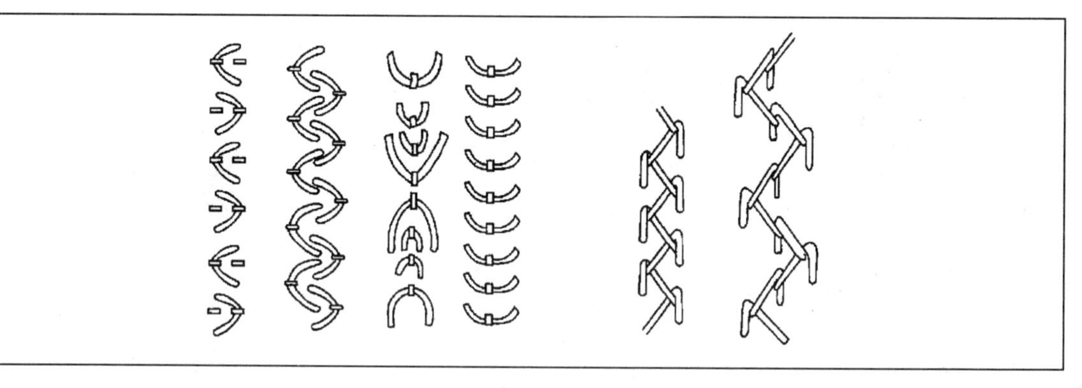

图2-21　羽叶针的变化

由于羽叶针形态美观，所以除绣制花纹外，也可在服装的领子、门襟、袖口、袋口的边缘使用这种针法，并在排列形式上加以变化，显得整齐而别致，是一种很实用的花边装饰性针法，如图 2-21 所示。

（4）辫子针

辫子针是一种传统的链形针，针法与套叶针有相似之处。此针法柔和，常用于衣里边缘和儿童衣边等处。还有一种阔辫子针，针法与辫子针相同，只是两边起针时距离较大，使挑针角度呈斜向，绣成的辫子较粗犷，如图 2-22 所示。

辫子针的形态与编结织物中的下针很相像，针针相套，链形特点很强。辫子针在刺绣中应用很广，除较细的线外，一般线条型花纹都可以用这种针法表现。按一定规律排列整齐的辫子针也可填充各种块面形的纹样，绣面光泽柔和，具有独特的线迹纹理，酷似针织和呢绒织物的效果。

（5）链针

前图 1-15 所示，链针是新颖的针法，形似锚链，一环紧扣一环。在线环之间有一扣针线迹相连，形成清晰而美观的链条花纹。这种针法若用较粗的线绣制，其线迹本身就是图案，具有现代装饰趣味。

（6）串针

串针是一种装饰性针法，绣法较特别。先以行针针法用绣线在布面上挑出一针间隔一针的线迹，然后以另一根较粗的线迹在线迹中逐针穿过。由于针法不同，可以形成波形和链形的图案，如图 2–23 所示。这种串针适宜表现装饰性的线条纹样，由于穿入的绣线未在布面上缝绣，只是浮于布面，所以牢度不太好，但仍不失为一种简洁别致的绣法。

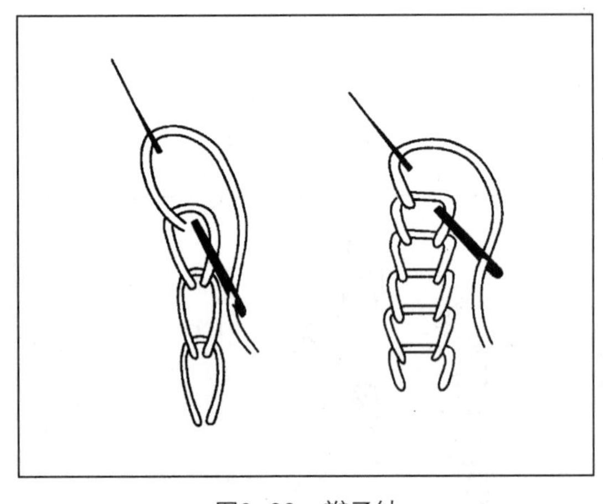

图2–22　辫子针

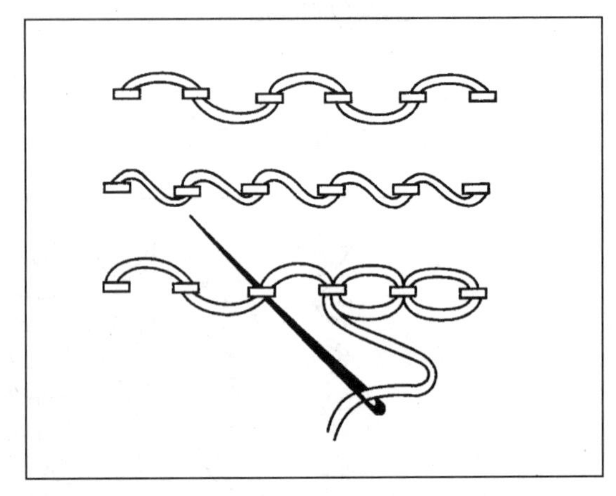

图2–23　串针

以上介绍的这些手工刺绣针法在服饰中广泛运用的，不少是我国的传统针法，也有一些是近年从国外吸收而来的。针法的名称根据习惯称法和运针的方法、形态特点的不同而定，各地可能在针法命名上不尽相同。此外，在绣法步骤上，文中常用挑针技法，这是指不使用花绷，直接在布上刺绣的运针方法，比较简洁方便。在花绷上刺绣时，由于绣布绷得较紧，运用挑针就十分费力，所以只能将针刺下布面，这样一上一下分两步完成挑针，在具体绣制时可根据不同针法的要求掌握适当的运针技巧和控线力度。

使用各种刺绣针法时，应视图案的特点和需要灵活运用，以充分表现图案生动优美之态。当掌握了基本刺绣技法后，在实践中还可在此基础上予以适当变化，丰富针法的形态与表现力，使刺绣这一手工艺装饰技法在美化服饰、美化生活中发挥锦上添花的作用。

第三节　刺绣装饰应用

一、丝带绣（缎带绣）

丝带绣是刺绣众多种类中的一种，丝带绣是以各种厚薄宽窄梭织带状物为绣线，所以在操作和针法上有别于其他的刺绣种类，绣面可呈现浮雕状 3D 立体装饰效果，是一种时尚的 3D 立体刺绣方法。

丝带绣作品不只单一采用丝带绣针法，可以根据所设计绣品的效果，通常辅助其他种类一些刺绣针法，共同完成绣品的艺术效果。

丝带绣是以细丝带（缎带）作为绣线的一种刺绣品种。丝带光泽柔美，色泽丰富，绣制速度快，绣出的图案醒目而有浮雕般立体感，是较新颖别致的服饰装饰形式。

丝带绣的绣线是细丝带，由于丝带有一定的宽度，难以通过质地紧密的织物。为使刺绣花纹清晰明显，丝带绣常用以装饰质地较松、织纹简单的纺织品、羊毛衫、毛线织物、童装等，宽丝带可做成各种花朵装饰在服饰上。丝带绣还可应用于室内装饰中，常见的抱枕靠垫、布艺饰品、壁挂装饰画等装饰上。丝带绣品主要有布艺缎带绣品类、壁挂装饰画缎带绣品类、服饰缎带绣品类等。

1. 丝带绣的材料及工具

丝带绣采用的材料与工具，是根据绣品的种类和设计意图的不同而有所变化，应选择最有表现力、能够达到最佳设计效果的材料进行刺绣，要使用适当的工具，以便得心应手。通常刺绣的材料有丝带（缎带）、刺绣线（辅助用）、布、针、剪刀、锥子、花绷子等。

（1）丝带（缎带）

丝带（缎带）的厚薄宽窄、种类颜色丰富多彩，不论什么样的底布上制作什么花样，都要根据图案及设计要求，从众多的丝带中挑选最能够体现设计风格，符合设计效果的丝带花色品种，并根据不同材质丝带的织物组织、宽窄程度、柔韧性等，如薄透的绢类丝带、厚绒类丝带、缎类丝带、宽丝带、窄丝带等完美体现设计效果。

从织造组织结构上分为缎面丝带与纱面丝带。缎面丝带一般较厚硬可以用于纹理较粗的布或十字绣用布；雪纱丝带比缎面丝带柔软一些，用布和缎带用布相似。

（2）刺绣线（辅助用）

因图案的不同，有辅助使用刺绣线的时候，还有些缝缀作为运用丝带刺绣的基础使用。颜色丰富，各种粗细股数不等，在丝带刺绣的着色与加入其他色时最适合使用。

根据绣品的效果需要，刺绣过程中还常用到珠子、亮片、丝线、绒线等材料。

（3）布

“底布是丝带绣的载体，是刺绣者的情感载体。”一块硬度适中、质量上乘的面料底布是精美绣品所不可或缺的基础。由于丝带绣的立体感强、针码明显，因此底布应以布纹不明显的为宜，注意不要选择过薄的布，轻薄底布容易抽缩起皱，并且托不住丝带绣的绣面花形。选择能够衬托出丝带优雅性的布非常必要，初学者应当选择麻布与木棉布练习，或在棉绒与缎纹上使用也可以。

（4）针

因绣品类型及花色图案的不同，会应用到多种的丝带刺绣用针。为了实现设计效果，布、丝带、针的协调很重要。根据面料纱线组织间缝隙及图案造型要求，针尖部适合圆钝针尖或尖头针尖的，因此，不同布密度和花形要求配合使用不同的刺绣针；或者根据丝带的宽度、硬度的不同及个人着力方法的不同配针（当出现针难以刺绣并不易拔出丝带的现象时，说明面料密度及选针配线的不匹配，需要及时换针）。

① 细小针型：适用于采用细的丝带刺绣较细密的图案时使用。

② 较粗针型：一般情况适用。

③ 极粗针型：在刺绣极粗与较硬的丝带情况下较适合。

④ 编织缝针：编织用针适用于毛衣等编织物和粗糙的布。还有，从针织面料上浮现刺绣缝缀情况，人字针法（又称鲱鱼骨针法）缝缀时使用这种针。

（注：丝带绣的绣针多选用针孔较大的毛线缝手针，每根丝带不宜剪得过长或过短，一般长为30~50cm较适宜，若丝带较长，使用时既不方便又容易磨损。）

2. 丝带绣方法

丝带绣可使用多种针法绣制，各种针法的具体绣法归纳如下：

（1）穿针引线（穿针法、起针法、封结法）

① 穿针法：穿针法是将细丝带剪成斜口，引入针孔并拉出丝带同时用针刺入距斜口1cm处后，向长的一端拉拽，针孔处结出固定丝带的起针结如图2-24所示。

② 起针法：起针法在缝绣前丝带必须打好起针结。其操作法同上，用穿好丝带的绣针在距丝带尾部1cm处进针，拉出丝带，这是一种起针法，如图2-24所示。绣制起针时如图2-25所示，用穿好丝带的绣针穿过被绣织物，尾端余2cm折转丝带，再用绣针按图案从正面刺向织物及余下的丝带，丝带末端结住绣布的背面，再将绣针引出布正面开始绣制，完成起针操作。

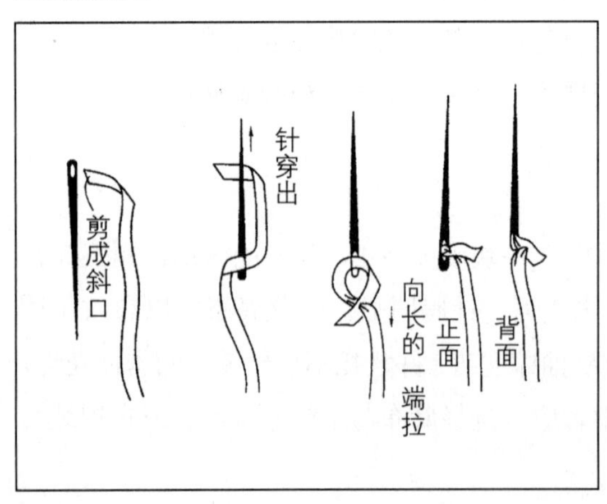

图2-24　丝带绣穿针法

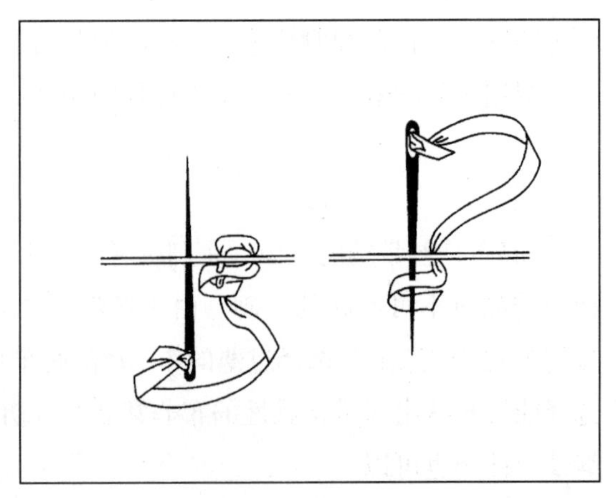

图2-25　丝带绣起针法

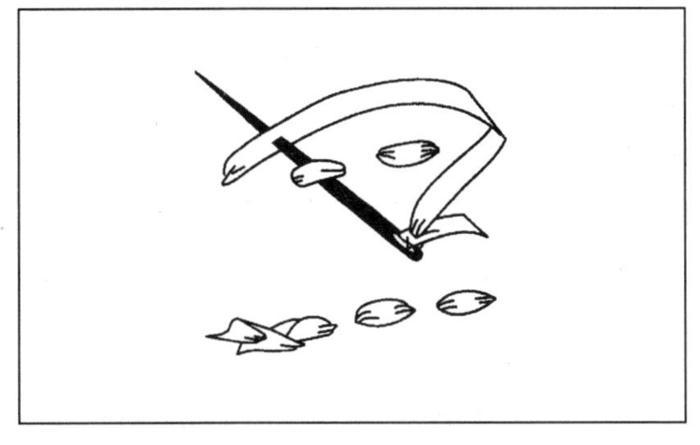

图2-26　丝带封结法一

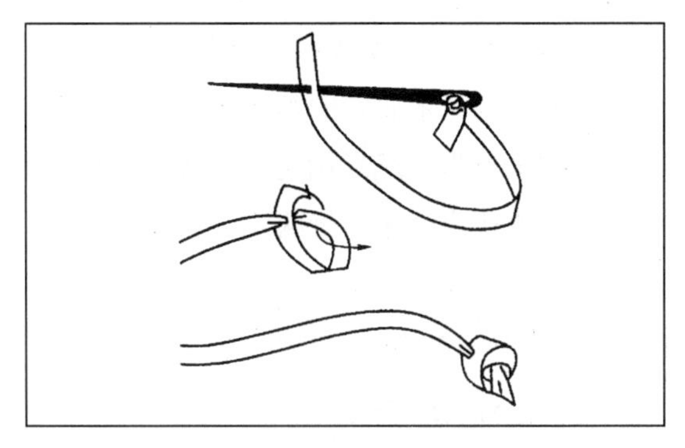

图2-27　丝带封结法二

③ 封结法一：如图 2–26 所示丝带绣缝到最后要封结，以防止丝带松脱。方法是在背面最后的针脚上将针按图示穿过，然后按图示的样子在针脚前面的丝带上穿针、拉紧，留 0.5~0.7cm 余头，其余剪掉。

④ 封结法二：如图 2–27 所示，此种方法是丝带绣穿针法（图 2–24）完成后，在丝带距离尾端 0.5~1cm 处进针将绣针及丝带拔针带出，丝带尾部便结成丝带绣方法的起针结。

（2）线形绣

① 平缝针：平缝针法有 4 种变化形式，如图 2–28 所示。

a. 把丝带捻细，按平缝针法把丝带缝在底布上，如图 2–28（a）所示。

b. 把丝带捻成半捻状态，用与图 2–28（a）的同样方法把丝带缝在底布上，如图 2–28（b）所示。

c. 把丝带幅面展开，按图 2–28（c）所示把丝带缝于底布上。

d. 与图 2–28（c）方法相同，但需用锥子把每一个针脚挑齐一些，线迹不要抽紧，如图 2–28（d）所示。

② 拧梗：拧梗有 3 种变化形式，如图 2–29 所示。

a. 把丝带加捻，按包梗针法一面捻紧丝带一面缝绣回针，如图 2–29（a）所示。

b. 在丝带幅宽中间，针脚长度 1/3 处用倒回针缝绣，如图 2–29（b）所示。

c. 用图 2–29（b）的方法绣成锯齿形状，如图 2–29（c）所示。

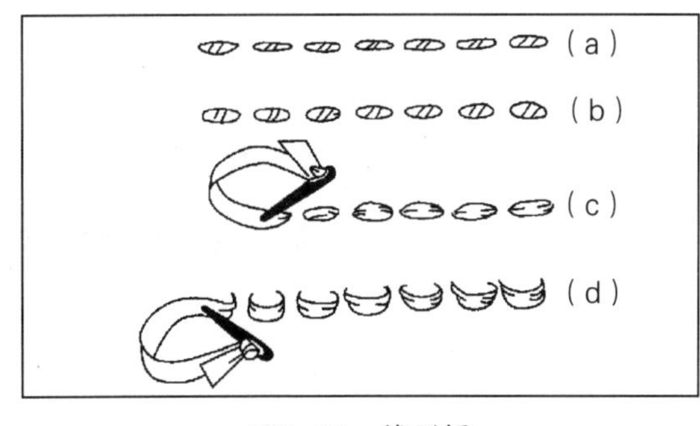

图2-28　线形绣

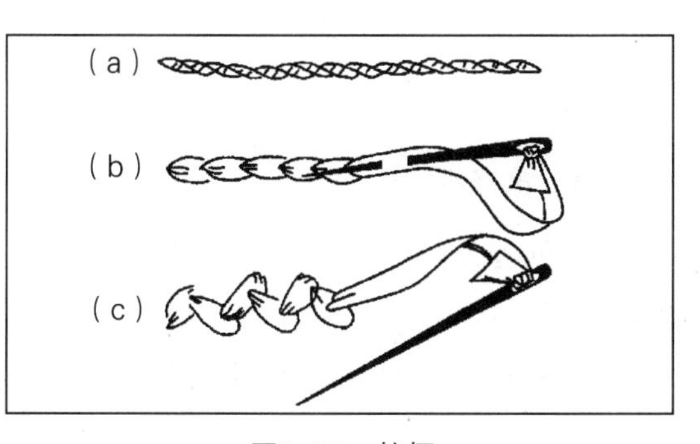

图2-29　拧梗

③ 贴线绣：贴线绣有 3 种变化形式，如图 2–30 所示。

a. 把全捻丝带放在图案线上，隔一定间隔用绣花线缝绣。

b. 摆平丝带，然后用绣花线隔一定间隔缝绣、勒紧。

c. 用绣花线缝住丝带两侧，用锥子边缝边挑起浮套。

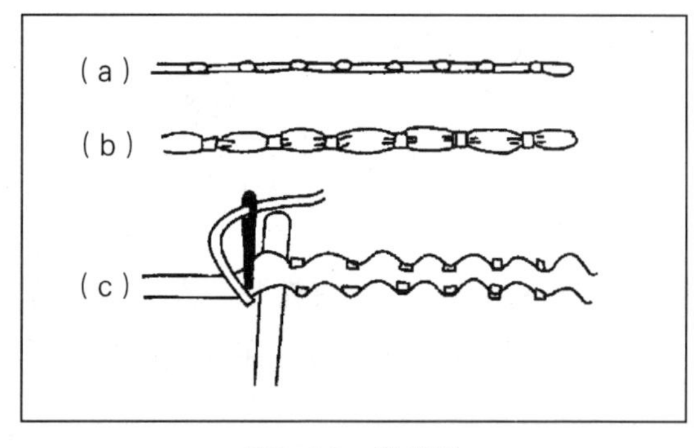

图2–30　贴线绣

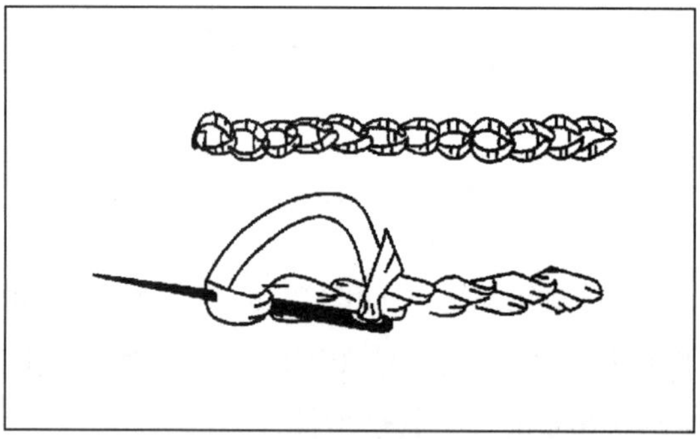

图2–31　链式绣

④ 链式绣：链式绣有两种变化形式，如图 2–31 所示。

a. 将丝带加捻，然后做链式针刺绣，如图 2–31；也可以用不加捻丝带做链式针刺绣。为防止丝带打卷，先摆平丝带，在绣制时按图 2–31 所示方法插针。

b. 还可用以上方法将丝带绣成花朵状，绣时把丝带折成花瓣形状。

⑤ 十字绣：将加捻丝带按十字针法缝绣。也可用不加捻丝带，按十字针法缝绣，但要注意丝带不要扭转，如图 2–32 所示。

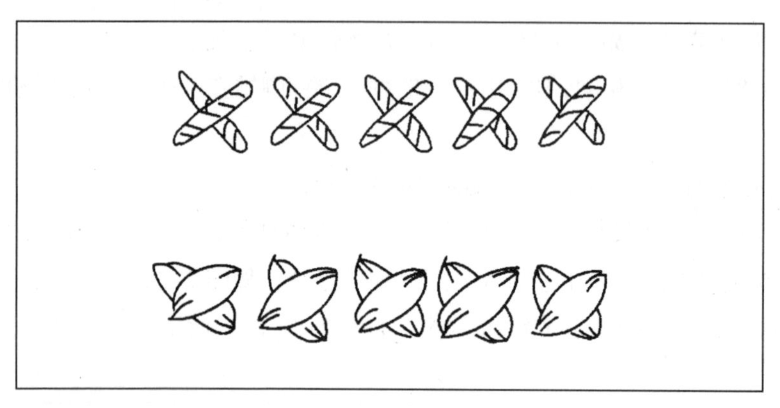

图2–32　十字绣

（3）花形绣

① 单瓣花：用套叶针法绣制，丝带折成花瓣形状，然后绣一个花瓣顶尖，如图 2–33 所示。

② 复瓣花：用行针法绣出大花，再在上面叠绣小花，如图 2–34 所示。

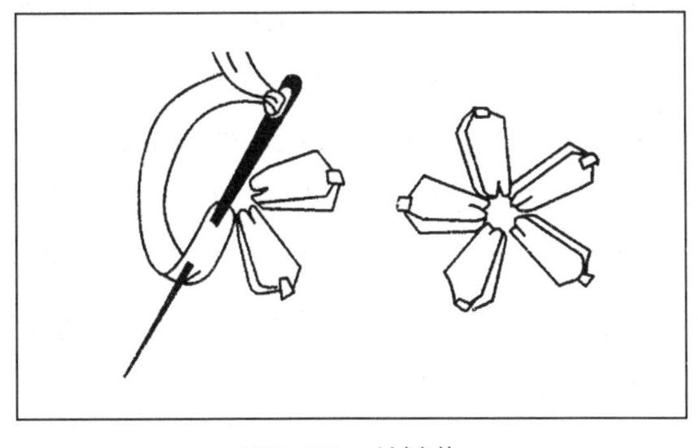

图2-33　单瓣花

图2-34　复瓣花

③ 蔷薇花：从花芯（一圈三边，二圈五边）开始绣出层层交错重叠的花瓣，注意丝带不要扭转，如图 2-35 所示。

④ 梅花：把丝带从布面引出后，将丝带一反一正两折，然后从丝带上进针，绣成一个个花瓣，如图 2-36 所示。

⑤ 石竹花：将丝带剪成 12cm 长，在丝带一侧用细针迹行针缝后抽紧缝线，盘成花朵状，将抽裥处固定于布面即可，如图 2-37 所示。

图2-35　蔷薇花

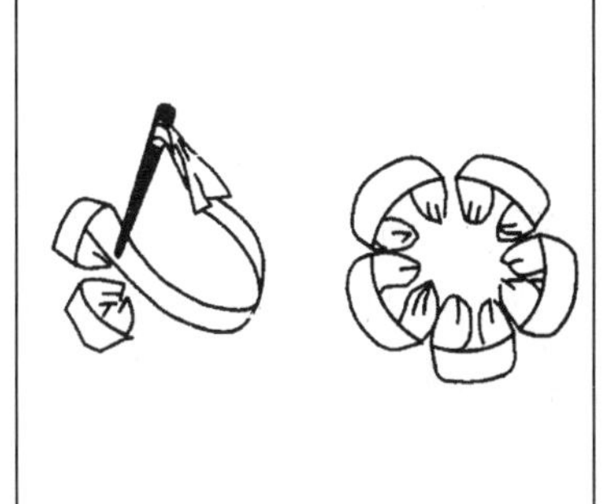

图2-36　梅花

图2-37　石竹花

（4）块面绣

一些较大的块面可用平针绣、席纹针刺绣，如图 2-38 所示。丝带也可搓捻后用以上针法刺绣，搓惗后的丝带较细，光泽也较暗，用来表现块面较小的细巧纹样，可以增加绣面的变化与层次。

图2-38　块面绣

丝带绣由于丝带具有一定的宽度，一个针迹就是一个小型的面并能构成简练的图案形态。连续的线形针法本身就是各种形式的二方连续图案。花形绣针法是一朵朵形态各异的花卉，将它们稍加变化、穿插，再与平针绣、蓆纹绣等结合，就可以表现多种风格的图案，如几何纹样、几何夹花纹样、变形花卉等。但由于丝带较宽，纹样不宜细碎，以粗犷为好。

丝带绣鲜艳、醒目，形态立体感强，刺绣速度快，常用于晚礼服、针织套衫、羊毛衫、童装及服饰配件包袋等的装饰；室内装饰的靠垫抱枕、布艺饰品、装饰壁画等也可用这种绣法装点美化。丝带绣除单独运用外，也常与其他刺绣方法结合绣制，以增强绣品的表现力并丰富绣面装饰效果。

二、珠片绣

珠片绣是一种风格独特的刺绣品种，它以空心珠子、管状珠、珍珠、人造宝石、闪光亮片等为材料，将其绣缀于服饰上会产生色彩斑斓、光泽绚丽之效果，能使平淡无奇的服装显得高贵华丽、引人注目，使服装呈现出神奇的艺术魅力。

珠片的形状、大小、颜色和表面结构千变万化，利用它们组成的装饰图案具有立体装饰效应，并可形成高贵典雅的艺术风格。人们常用珠片绣装饰服装的领部、腰部以及各类服饰配件包袋、帽饰、领带等各类服饰品。

1. 珠片绣的特点

珠片绣不同于普通刺绣，它需要在刺绣部位的反面衬垫上衬布，一般采用棉细布做衬布。珠片绣的针是用软钢制成的，有弹性，且比刺绣针长。珠片绣一般采用 50 号缝纫线，为了防止线扭结或断头，可在线上涂少许蜂蜡。

2. 珠片绣技法

（1）珠粒连缝绣

珠粒连缝绣如图 2–39 所示。

① 把一粒粒珠子先穿到一根线上，然后把整串珠子绣到图案上。要先把珠子串按图案放好，再用贴线绣方法把珠串缝住。如图 2–39（a）所示缝绣直线串珠时，可隔二三粒珠固定钉缝一针，缝曲线串珠时，要一粒一粒地钉缝。

② 在图案面积中，如图 2–39（b）所示先把串串珠子用贴线绣针法钉缝牢固。

（2）行针绣

如图 2–40 所示，把每粒珠子用平针法钉在面料上，针脚大小要与珠粒长短相配合，针距可大可小，一般针脚略长于珠粒的长度。此方法常用于绣缀管状珠。

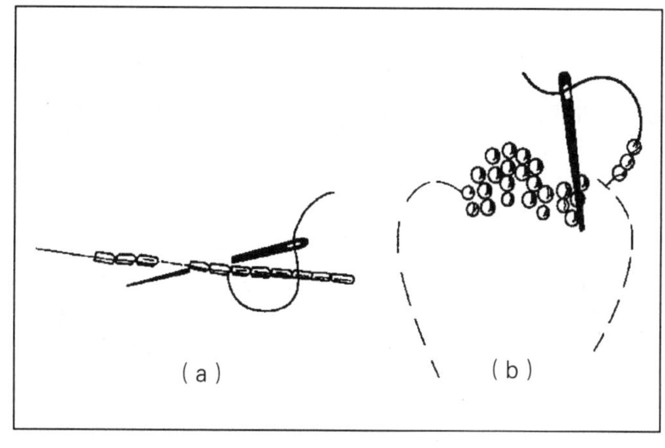

图2-39　珠粒连缝绣

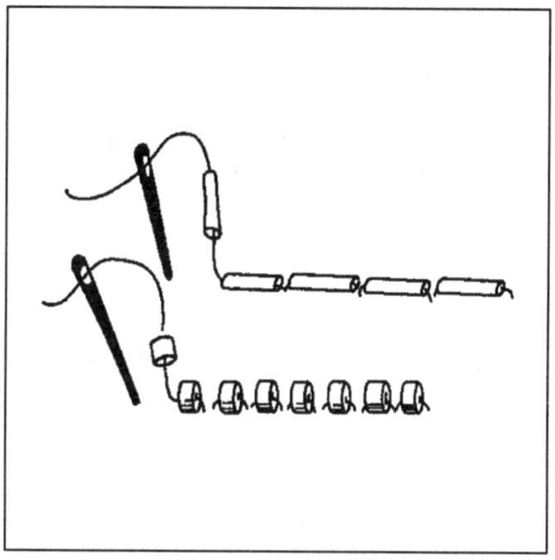

图2-40　行针秀

（3）回针和双回针绣

回针和双回针绣如图 2-41 所示。

① 珠距较大时，绣缀用倒回针法将珠子缝牢，此法常用于绣缀小圆珠。

② 绣大粒珠子时的摩擦力较小珠大，所以每粒珠子需要用双倒回针缝得更牢固些。

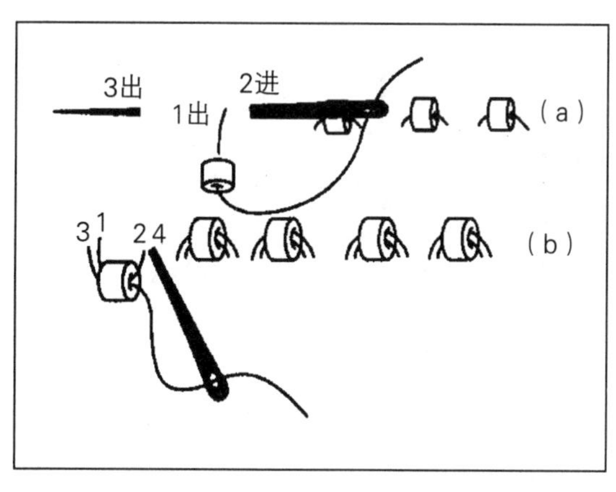

图2-41　回针和双回针绣

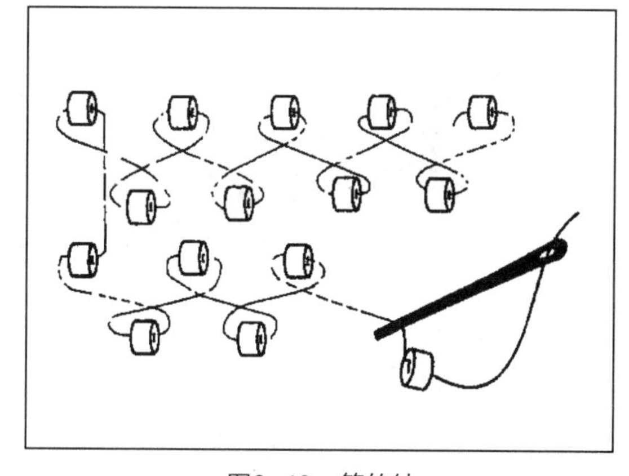

图2-42　篱笆针

（4）篱笆针

在图案面积中，形似三角针的倒回针由右向左上一针下一针缝绣，注意针距相等，绣珠点分布均匀，如图 2-42 所示。

（5）单个珠片绣

① 如图 2-43 所示，先将每片珠用回针钉缝缝固，回针线迹长度等于珠片的半径。再将针线自下而上穿过珠片和珠球，然后将针线绕下重新穿过珠片和珠球，最后在面料背面打结。

② 由珠片和面料下出针，在珠片上进行打籽绣牢固珠片，如图 2-44 所示。

③ 从亮片和面料下出针，再穿一小珠用以固定亮片，如图 2-45 所示。

6. 珠片叠绣

如图 2-46 所示，从面料下出针退半步（亮片半径长），用回针的形式固定一亮片，再前进一步，回半步（亮片半径长）固定第二个亮片，如此法操作叠绣下去，形成珠片叠绣。

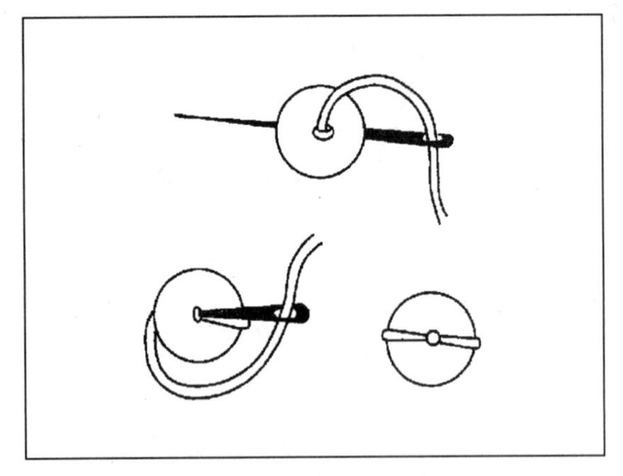

图2-43 单个珠片绣法一

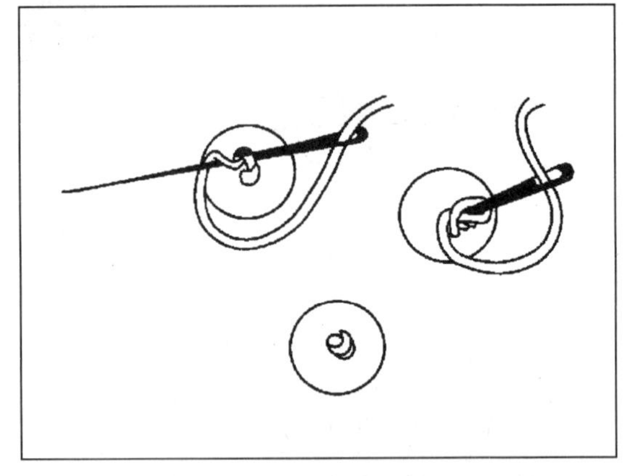

图2-44 单个珠片绣法二

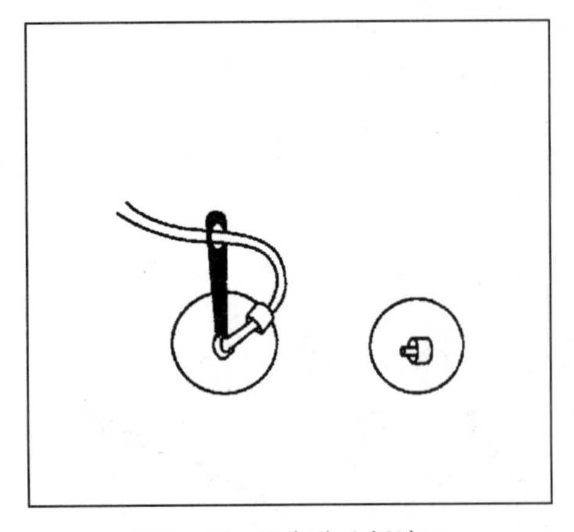

图2-45 单个珠片绣法三

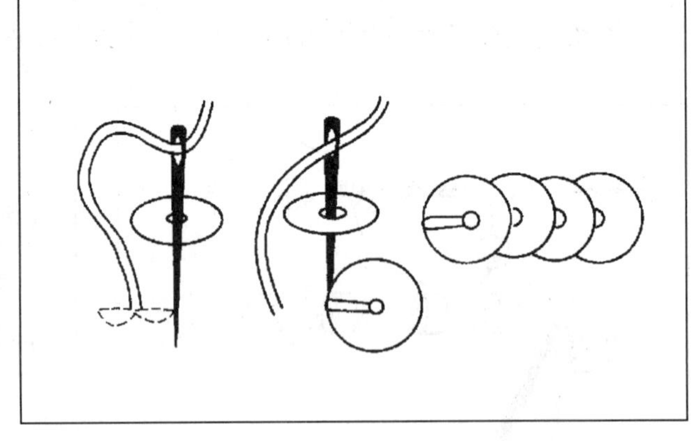

图2-46 珠片叠绣

珠片绣的珠子、管状珠、亮片等多用玻璃、金属、合成树脂等制成，具有一定的重量，因此，绣线要结实，布料要能支撑得住适当重量，一般常在布料背面裱上衬里。材料如素软缎、乔其纱、丝绒、真丝生绡、塔夫绸、法兰绒、素色薄呢、羊毛针织物等是珠片绣的理想面料。

珠片绣图案是以点构成的，五光十色、形态各异、大小不一的珠子、管状珠子、亮片等采用连缀、重叠、集聚、组合方法，既能塑造各种形象的点饰、线饰，也能塑造各种形态的面饰，因此，珠片绣的图案千姿百态，风格更是多样，并有写实变化图案、变形的图案、几何图案和抽象图案的表现等。写实花卉一般借助珠片的密集排列及珠片色彩的变化重叠，达到造型丰满、色彩丰富、酷似油画的艺术效果。变形图案以简练的动物、花卉、琵琶纹样为多。几何图案以二方连续形式装饰于服装的领子口、下摆、裙边、袖口等，显得典雅大方；或以自由排列的形式装饰于背部、肩部、前胸，显得活泼生动。抽象图案以无数个五光十色的点组成，似星空，似云彩，似流水，闪闪烁烁，变化无穷，有时点缀服装某一局部，有时装饰整个服装，宛如一幅艺术绘画，给人以遐想和美感。

近年来，酷暑盛夏时节，时尚少女的吊带背心、吊带裙也常用珠片绣工艺装饰。而且，在礼服、晚礼服、舞台表演服、艺术时装上应用甚多，光彩绚丽的珠片在宴会和舞台灯光的照射下显得华丽夺目，熠熠生辉，增强了时装的美感和艺术表现力。此外，在化妆包、手提包、鞋帽、腰带、胸花、头饰、手套等服饰配件上，珠片绣应用也很广泛。近年来，珠片绣批量生产时，还可以应用电脑珠片刺绣机绣制，大大地提高了生产效率。

三、贴补绣

贴补绣也是一种刺绣装饰手法，它既能使服装产生活泼、优雅、柔和之美感，又能使服装形成色块对比强烈、装饰性强、结构多样的效果。贴布绣广泛应用于服装的装饰上，如用于童装、便服、礼服上，也可用于饰品和室内装饰物品上，如提包、头巾、鞋、桌布、桌垫、靠垫、床罩等。

贴补绣又称补花绣，是将其他装饰图案布料按图案剪贴成贴花布绣缀贴缝于多为素色底布服饰上的一种刺绣形式，贴补绣有贴补平绣和贴补凸绣两种形式。贴补平绣是将贴花布与底布直接绣鐽，绣面平挺；贴补凸绣则是在贴花布与底布之间填充棉花、海绵、膨胶棉等松软材料，使图案凸起，赋予图案立体感。贴补绣装饰技法简单，易于绣制，绣品牢度强，图案简练大方，别具一格，是一种装饰性与实用性都很好的刺绣品种，在服饰装饰美化上运用很广。

1. 贴补绣装饰方法

（1）绣前准备

① 贴补绣绣制前，需按图案先剪裁贴花布。一般是在贴花布背面涂上一层薄糨糊或烫上一层薄而软的黏合衬，干后描好图案留出 0.3~0.5cm 毛缝后剪下，不同颜色的贴花布在图案拼接或重叠部分应留出 0.3cm 余量，使之衔接完美、牢固并表现出前后层次。图案粘贴完成后可直接在布上进行，如图 2–47 所示。

② 贴花布上布用糨糊粘贴或用行针固定均可。还可将花纹部位直接以各色贴花布拼贴在绣布上组成图案，也较简便。

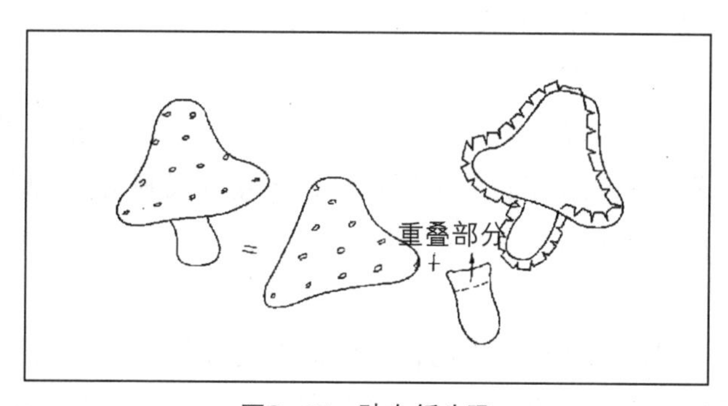

图2–47　贴布绣步骤

（2）贴补绣针法

图案贴花布上于底布后，即可用各种锁边针法绣锁。为了使贴补花不致错位或变形，在将贴花布上于底布绣锁之前必加以固定，可以采用珠针固定、距贴花布边缘 0.1cm 缉明线固定、粘贴固定等方法后进行锁缝。

贴补绣的基本针法有锁绣、折边锁缝、贴花绣和雕花绣 4 种类。锁缝绣线色彩一般与贴花布料同色，也可用金银线平绣包边，使花纹轮廓鲜明、凸起，图案线面映衬得更加精致、华丽；贴补绣除手工锁边刺绣外，还可用缝纫机或多功能缝纫机在图案轮廓内侧缉线锁边的办法制作，方便快捷，只是贴花布必须是不宜开散的布料或采用边缘折光的剪贴绣方法。目前，服装厂多采用多功能缝纫机锁边，针脚整齐匀称，绣制效率高，针法种类多。常用补绣针法：

① 锁绣：可以手工、多功能缝纫机、电脑刺绣机绣缀。方法基本是先将贴花布放于绣布上图案位置，在距贴花布边缘 0.1~0.2cm 辑明线固定或粘贴固定等方法后，直接进行锁缝。

② 折边锁绣：首先将贴花布留出 0.3cm 毛份打剪口，如图 2-47 所示熨扣折边后置于绣片底布上，针法常用如图 2-48 所示 6 种（包括缲缝边缘法、倒钩针法、锁边针法、贴式绣针法、十字绣针法、链式绣针法）。

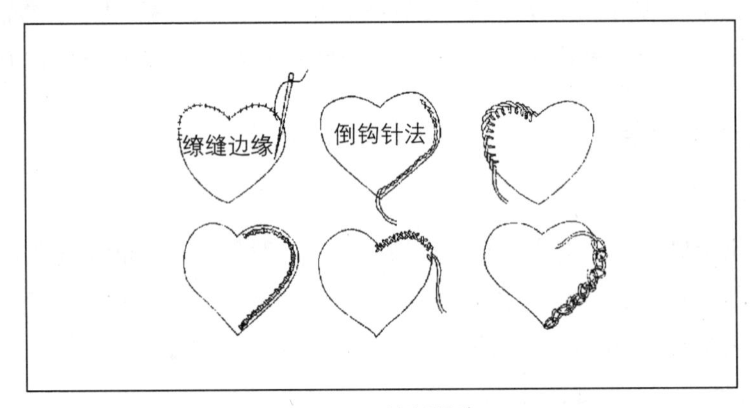

图2-48　锁绣针法

③ 贴花绣

除上述常用锁绣、折边锁绣外，还有贴花绣方法，其方法新颖而效果别致。贴花绣就是在透明的薄丝绸、薄纱一类底布上做贴补绣的方法，或是在不透明的底布上用透明纱做贴补绣。刺绣方法与一般贴补绣略有不同，贴花绣需先把图案描在贴花布上，再把贴花与底布用行针绷住，然后用锁扣眼针、平缝针沿图案轮廓线刺绣，把贴花布与底布绣在一起，绣完后拆除绷线，仔细剪去多余的贴花布，图案呈阳文浮雕状，如图 2-49 所示。

④ 雕花绣

雕花绣的方法与贴花绣相似，但贴花布应置于底布下面一起绷住，图案描于底布上，绣完后将花纹部分的底布剪去或电脑绣花机以激光切割，使花纹镂空透亮，将底布以其他花纹或颜色衬托，底部呈阴文图案，虚实有别，如图 2-50 所示。

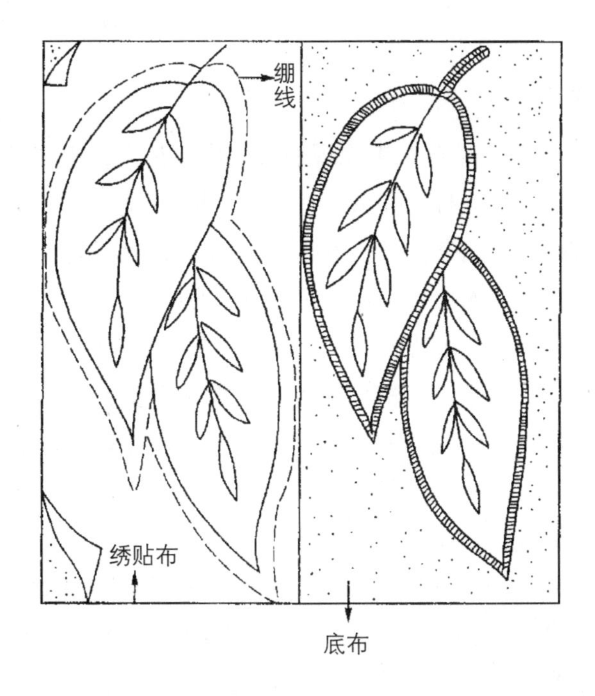

图2-49　贴花绣

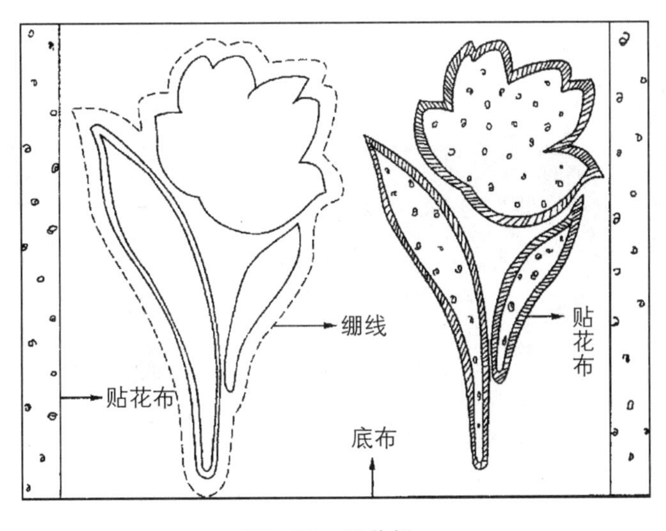

图2-50　雕花绣

2. 贴补绣的材料

贴补绣用料广泛，从厚到薄的各种呢绒、麻布、棉布、丝绸、化纟喿混纺织物及皮革、编织物、网状织物等均可做刺绣的底布。贴花布相当于刺绣的绣花线，是构成贴补绣的主体，用料要精心选择，一般应根据绣品的用途、贴绣技法、底布质地等因素进行选择。经常洗涤的童装、台布等选择织物组织紧密的棉布、涤棉布等较坚牢的面料；装饰壁挂、窗帘等选用棉布、丝绸、麻布、呢绒、皮革等具有表现力的材料。总之，要根据设计意图选择最有表现力、能完全体现作品装饰特点的材料。

3. 贴补绣的服饰设计应用

贴补绣图案主要是以剪裁贴花布来表现的，以块面为主，也穿插一些其他线或点形刺绣针法组合装饰图案，图案多为提炼变形的动物、人物 、风景、花卉及字母、抽象图案等，造型简洁、粗犷，不宜精细、繁杂；能利用贴花布与底布在色彩、花纹、光泽、外观、肌理上的差异表现出绣品的独特艺术效果。并且图案的形式可以是单独纹样，也可以是二方连续或散点纹样，如在素白色的儿童服装上，用蓝白格子布、蓝地白点布、浅蓝布面料等巧妙地结合服装款式，贴补绣上简练的马头图案，使童装活泼可爱富有装饰性和趣味性效果。此外，贴补绣还常安排在服装口袋、膝盖、肘部，既美化了服装，也提高了服装易磨损部位的牢固度。近年来，在羊毛衫、马海毛编织衫、呢绒服装上也十分流行用其他材质如缎子、毛皮、皮革、金属片、镂空织物等作贴补绣装饰，装饰图案随意、洒脱，使服装具有了现代风格与时尚魅力。

贴补绣美观实用，在服饰和室内装饰织物上应用十分普遍，如时装、套装、童装、编织衫、皮革服装，服饰品背包、腰带、帽子、手套，室内纺织品台布、窗帘、靠垫、壁挂、床单、被罩、信插、储物袋及家用电器罩盖物等，到处可见贴补绣装饰的运用，这是与日常生活关系较密切、较常用的刺绣种类。图 2-51 为服饰用贴补绣图例。

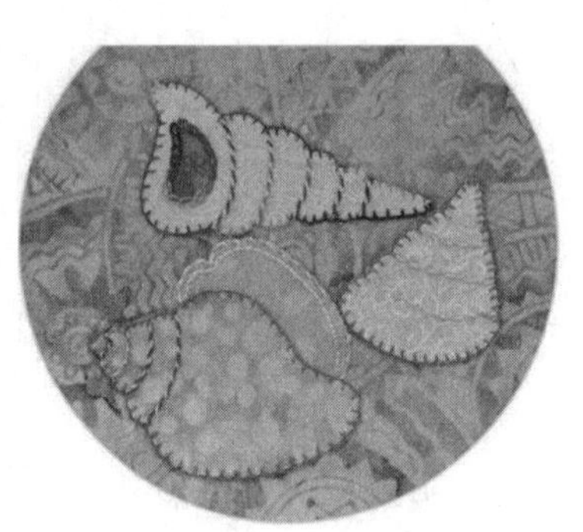

图2-51　服饰用贴补绣

四、绳绣

绳绣是用其他绣线或缝线（固定线）将绳状物固定在绣布上，绣出各种图案的刺绣方法。它常用于服饰装饰应用中，如服装的滚边、镶边装饰上。在 16 世纪，法国服饰装饰就有使用细绳装饰的，其多装饰于宗教服装、礼服、晚礼服、家居饰物等。进入 20 世纪，绳绣与花边、绗缝、网眼花边等并用，应用范围广泛。目前，此技艺也常运用于服饰装饰中。

1. 绳绣的材料与工具

（1）绣布

绣布多为薄绢、棉布、毛织物等伸缩性小的织物。

（2）绣绳

绣绳一般采用扁平状编绳、搓绳、编织绳、缎带等。

（3）固定线

固定线多用与绣绳同色的细绣线。

（4）绣针

用手缝针或刺绣针。

（5）绣绷

圆形或方形。

2. 绳绣技法

（1）绣绳的制作方法

绣绳的制作方法有搓绳、三股编绳、四股编绳、钩绳、手指打结绳，如图 2-52 所示。

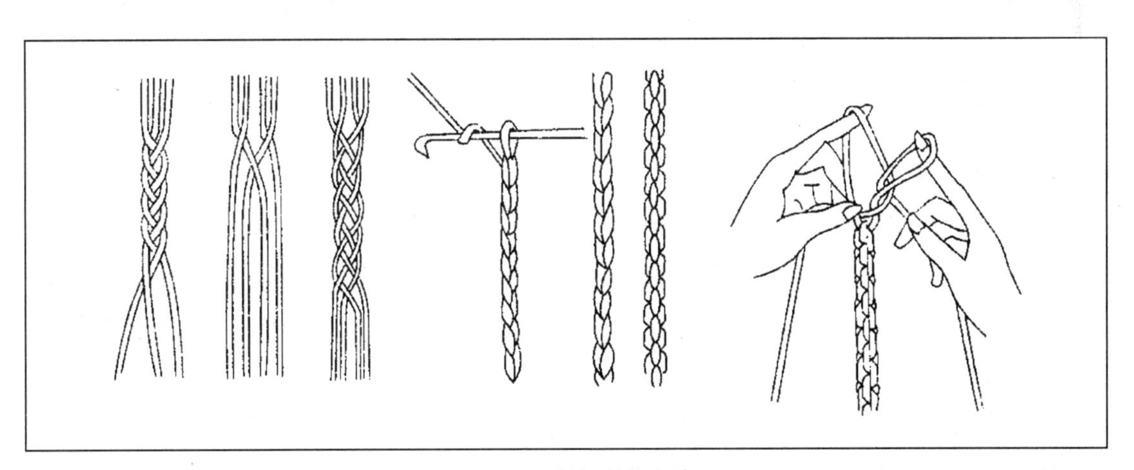

图2-52　绣绳制作方法

2. 固定绣绳的方法

固定绣绳的方法有 3 种。一种把绳放在绣布的表面，从反面固定，正面看不见固定线；另一种从正面固定，如图 2-53 所示；还有一种是采用机器缝纫固定的方法。

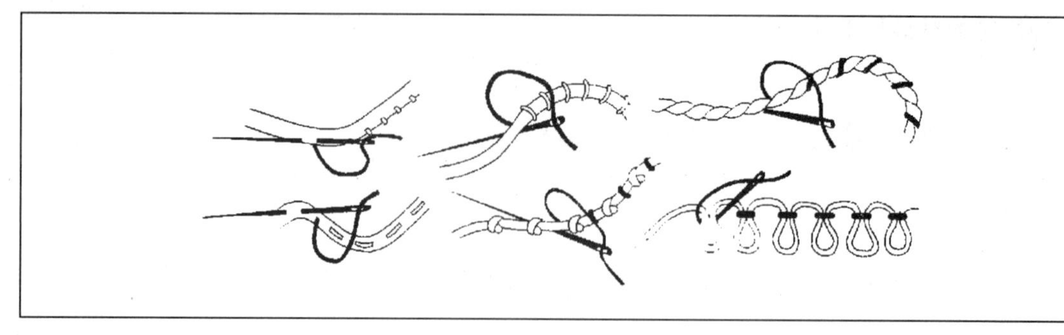

图2-53　绣绳的固定

3. **整理**

绳绣完成后，用熨斗以适量温度熨烫绣布的反面，注意不得将绣布、绣绳损坏或变形。

第四节　刺绣在服饰设计中的应用

刺绣工艺同众多的传统工艺一样，在中华民族悠久的手工艺中留下了深刻的烙印。伴随着人类社会的发展，无论在图案造型、色彩搭配，还是在刺绣技法上都形成了完整、独特的艺术形式，无论史书记载还是现存的大量传世作品都为我们展现了手工艺者们精湛的技艺，为今天的各类艺术，包括服装服饰设计留下了珍贵的财富。

古老的刺绣文化无论从图案造型、色彩还是从针法技艺上都为今天的服装设计提供了丰富的设计元素，将传统文化与现代时尚相结合，将当代审美形式表现在服饰设计中有许多手段可以尝试。

一、图案装饰部位

自刺绣起源以来，不论宫廷贵族还是民间闺房，服饰运用刺绣装饰部位非常广泛。刺绣图案在门襟、袖口、裙摆、领部等服装部位以及帽子、腰带、包袋等服饰配件中无处不在。在使用中要避免复古照搬，装饰部位可以打破常规，以现代流行的审美方式加以点缀，例如装饰在休闲男装兜口、立领口等部位；女裙或上衣采用结构不对称处理，在不对称处加以刺绣，以突出装饰；运用薄纱覆盖刺绣图案，取其减弱效果；或在整体素雅的服装上，搭配独特的刺绣配饰等。

二、色彩、刺绣技艺

在设计中可以利用传统刺绣图案配色技巧，例如三蓝绣、掺针绣及众多少数民族刺绣等，其色彩搭配精美、独特。在刺绣中，不同色彩同样传达着不同的民族文化，彝族长期生活在高山地区，崇尚黑色、红色、黄色，并赋予它们勇敢、光明、坚强、吉祥等寓意，它们尤其喜爱火焰纹、火镰纹，黑、红、黄三色成为彝族服装的标志性颜色；苗族历来擅长以色彩表现自己并形成苗族服装的最大特征。

三、高科技应用——电脑刺绣机

随着现代科技的飞速发展，传统刺绣工艺经历了手工刺绣、机械刺绣、电脑刺绣三个发展阶段。

近年来我国的国民经济得到了飞速的发展。同样，在普通社会公民所说的“衣食住行”中占首位的服装产业取得了蓬勃的发展。我国已经成为了一个立足本国面向世界的服装产业大国。在这样的时代背景之下，作为服装行业的附属产业之一的刺绣业也兴旺发达起来。刺绣这一传统中的手工艺术在信息社会中得到了质的飞跃，电脑刺绣就是传统的刺绣与电子、机械相结合的产物。

电脑绣花机是在电脑缝纫机的基础上发展起来的。多年来一直由机械技术占统治地位的缝纫机领域，自 1975 年以来引入了电子技术，从此缝纫机开始进入了电脑控制的机电一体化时代。电脑缝纫机是以微处理器进行四轴数控。数控系统控制 x 及 y 方向的两个步进电机带动工作台做平面运动，同时监视检测使针进行上下运动的电机（主轴电机）的回转，从而对 x–y 工作台及针的摆动完成间断运动的控制。在此基本原理上，电脑缝纫机还加入了断线检测、数据存储等功能模块，使其工作稳定便捷。

电脑绣花机是在电脑缝纫机的基础上加入了刺绣的功能特性，对电脑缝纫机的软硬件进行适当的改变以适应刺绣的需要。如图 2–54 所示为电脑刺绣机珠片绣图例，电脑绣花机具有结构简单、工作稳定、功能多、自动化程度高、操作简便及噪声小等特点。

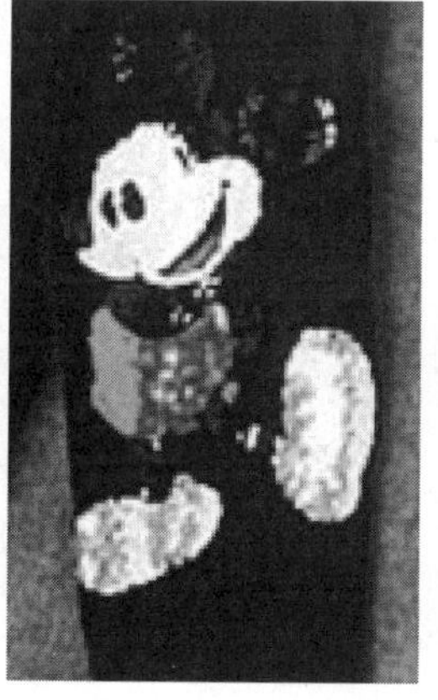

图2–54　电脑刺绣机珠片绣图例

第三章 钩针编织

用各种绒线、线绳使用一枚钩针，就可以钩编出服装，服饰配件帽子、围巾、包袋及居家饰物等生活服饰品。钩针编织的花样繁多，花形美观，制作简便，是编织工艺中深受人们喜爱的一种服饰设计应用方法。钩针编织常用的基本针法有锁针、短针、中长针、长针、长长针、交叉针、枣针、狗牙针等，只要掌握上述基本针法，学会常规操作步骤，就可以举一反三，根据需要钩出无数花样款式的服饰品。

为了便于掌握各种花样的编制法，通常生产加工采用技术符号表示各种针法，并以图解和文字说明相结合的方法，表现各种钩编技艺。通过弄清钩编基本针法和符号，参看花样图解及文字注解，便可以掌握钩编服饰的方法。

第一节 钩编操作方法

一、材料工具与起针方法

1. 线与针

（1）手织线

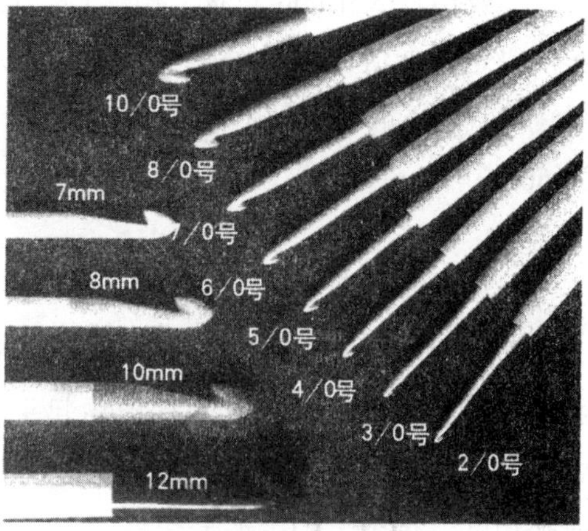

手织线的原料有天然缲维和人造缲维两种。

天然缲维主要包括棉、麻等植物缲维类线以及毛、丝等动物缲维；和新型天丝、竹缲维、大豆缲维、蜘蛛丝缲维等缲维线绳等。

人造缲维包括人造丝、尼龙、氨纶缲维、聚酯缲维、金银丝线等。手织线是由这些原料的一种或几种混纺或混捻在一起构成的，另外，混捻在一起的手织线又因各种线的粗细度、混纺根数的不同而有由极细到极粗的各种线类。

目前，随着针织服装的流行，编织用线材料更加丰富，除了一般的毛线之外，还制造出结状、圈状、长毛绒状等的绒线、可织可编的带状线等各种各样的时尚品种。色彩也由单色到复色，另外还有段染色、混色线等丰富多彩的花色品种钩编用线与绳。

（2）钩针

钩针是进行钩针编织的用针。其针的前段弯成钩状，钩针的所用材质有金属、塑料、木质、竹质等。粗细度 2/0 号针到 10/0 号针的称为钩针，其中 7mm 以上称为粗勾针。针的粗细是由钩针轴部粗细均一部分的直径来决定的。针号越小针越细，针号越大针越粗。常用钩针针号及适用绒线见表 3-1 所示。

表 3-1 常用钩针针号及适用范围

针号	2/0号针	3/0号针	4/0号针	5/0号针	6/0号针	7/0号针	8/0号针	10/0号针	7号针	8号针	10号针	12号
针轴直径（mm）	2.0	2.3	2.6	3.0	3.5	4.0	5.0	6.0	7.0	8.0	10	12
适用绒线	细丝线	细棉线	细毛线	中粗线	粗毛线	粗毛线	粗毛线	粗毛线	极粗线绳	极粗线绳	极粗线绳	极粗线绳
绒线粗细	1根	1根	1根中细	1根中细	1根粗线	1根粗线	1根粗线	1根极粗	1根极粗	1～2根粗线	1～2根粗线	1～2根粗线

（钩针针号越大，针越粗）

一般钩针长 15cm 左右，由弯钩、针轴、针柄和针杆 4 部分组成。选择钩针时，一要看针头是否光洁、细滑而又不太尖，太尖了容易使线刮损分叉；二是要看弯钩深浅是否适当，太浅了常常会钩不住线，太深了则钩出的线不易脱针钩。弯钩与针轴之间的夹角一般为 60°左右。

（3）选针配线

钩织物用针轴部直径应于绒线直径（指目测）基本相同。起针用的钩针应比钩织织物的钩针直径略大 0.5mm，网孔织物起头的钩针应比钩织织物的钩针直径略大 0.25mm，这样钩出的织物才能整齐。钩织较疏松的花样，可选用略粗一些的钩针，而钩织较紧密的花样则相反。每个人的手编带线松紧习惯也略有差异，结线习惯较紧的，可选择使用略粗点的钩针，结线较松的则相反。

2. 起针方法

（1）钩针的操作手法

通常是左手的食指撑线，中指和拇指捏住线尾或钩编好的织物；右手拿针，右手像握毛笔一样握住钩针针柄，中指可以上下移动（以便按线套用），拇指与食指距针尖 3~4cm 为宜，如图 3-1 所示。

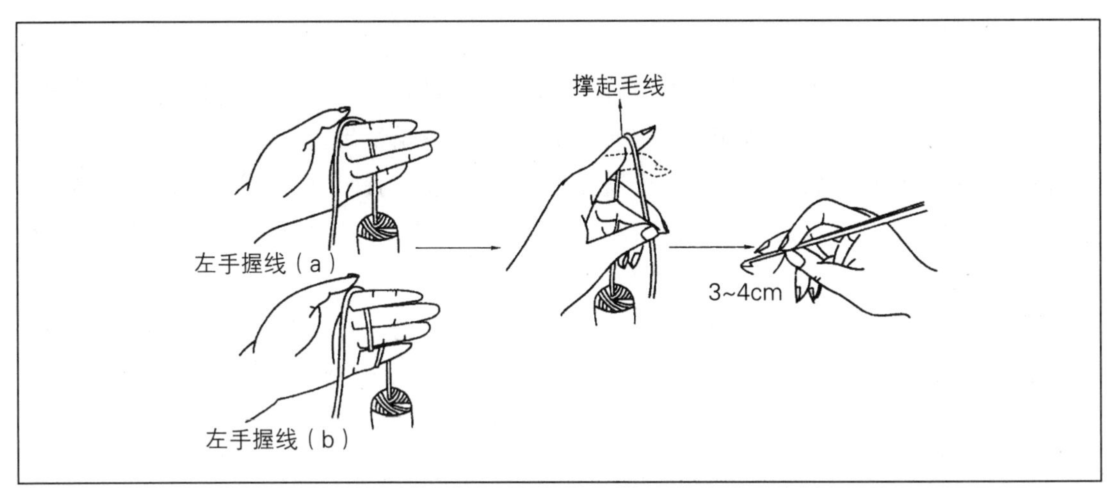

图3-1　钩针的操作手法

（2）钩编起针方法

钩编织物的第一行所必需的辫子针以及线圈，称作钩针的起针。

锁针又称（辫子针）是钩针编织中最基本的钩编针法之一。钩编织物起针主要用锁针针法，只是在钩织圆形织物起针时，起针法方可能有所不同。

钩编织物起针形式分：衣片织物起针法（从一端起编的两面针的起针）和圆形织物起针法（以及由中心呈放射状起钩编时做环状织物起针）两类。

（3）衣片织物起针法

钩一行锁针（锁针辫子长短同衣片底边长短同），也可以按照钩编符号图编出指定针数的锁针。衣片（两面针）是在起针锁针的基础上编制第一行，在这行锁针的基础上钩织衣片，如图 3-2 所示。如果起锁针过紧，则织物会更紧硬更板些，应注意起针操作方法。

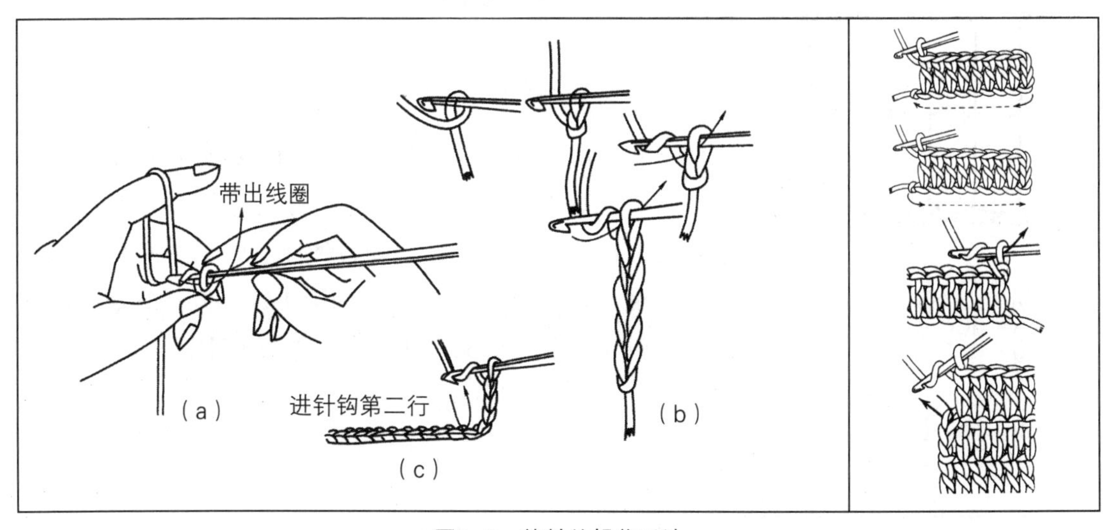

图3-2　钩针的操作手法

（4）圆形织物的起针法

如图 3–3 所示，往左手食指尖上绕若干线圈，然后用中指和拇指捏住线圈，右手握钩针进针逆时针绕线带出线套见图 3–3（a），再逆时针绕线带出，见图 3–3（b）、（c），在线圈基础上第二圈第一针（起立针 1 个锁针）完成。此时钩针上留一线套，第二行第二针是进针绕线带出，如此反复钩编出第二圈（注意：每圈钩编好后都要锁住，再另起下一行时都要先钩起立针）。

圆形织物起针法还可以采用如图 3–4 所示方法，先钩一行 7 针锁针，见图 3–4（a），再如图 3–4（b）钩针进针第一针锁针线圈绕线带出成图 3–4（c）状。在这一圈锁针基础上，每个短针都从这个线圈中钩出，至所需圆形针数为止。

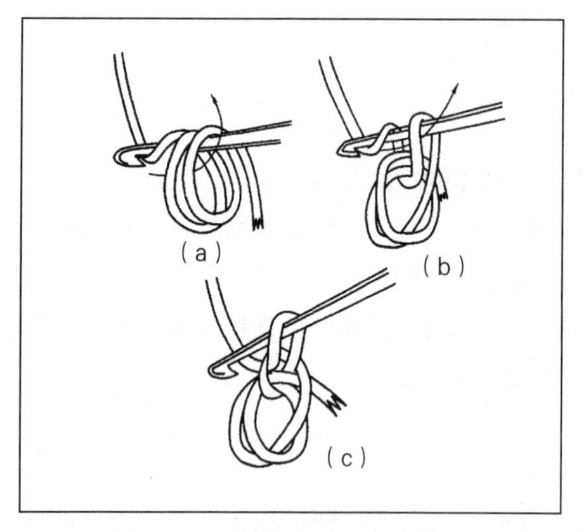

图3–3　圆形织物起针法1

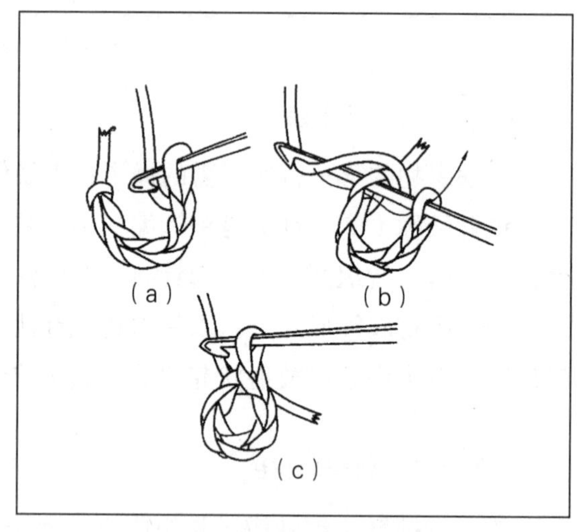

图3–4　圆形织物起针法2

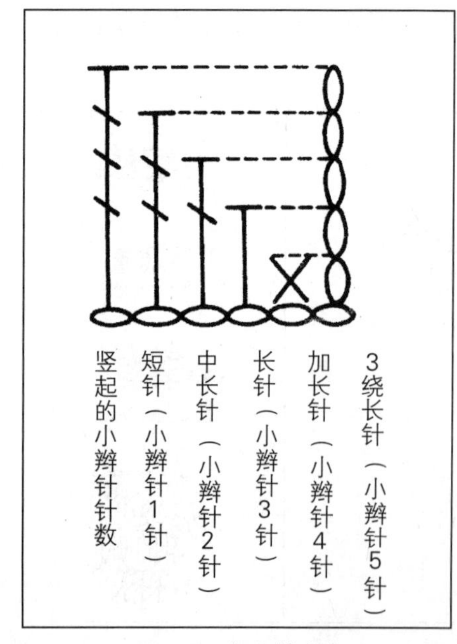

图3–5　起立针高度

二、关于钩编的“起立针”

1. 起立针

所谓起立针，是指在行的开始处钩编出与该行针法高度相同的锁针（辫子针），如图 3–5 所示。图 3–6、图 3–7 表示出适合各种针法高度的辫子针针数。通常起立针被计为该行的第 1 针，但只有短针起立针（除特别情况之外）不被作为 1 针。

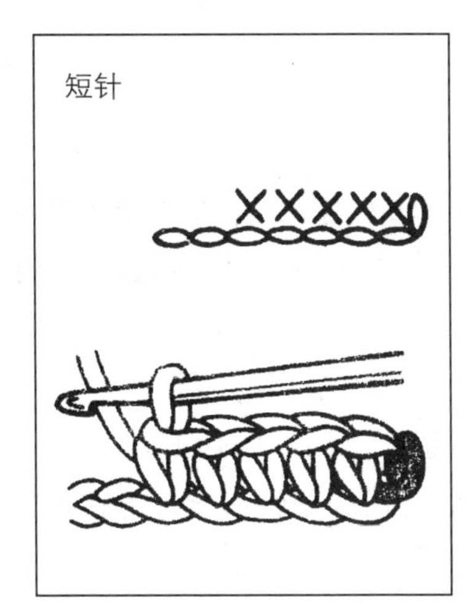

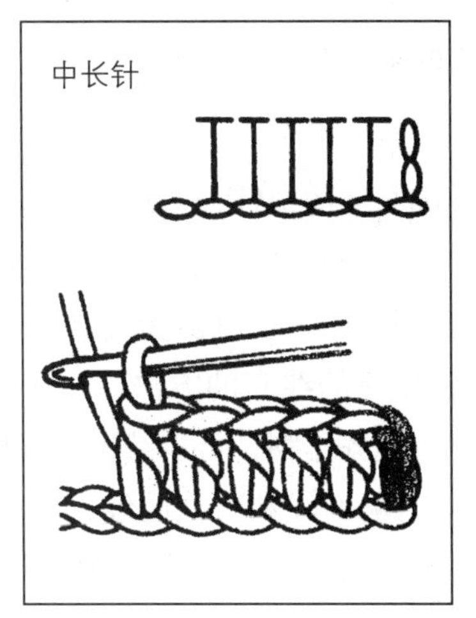

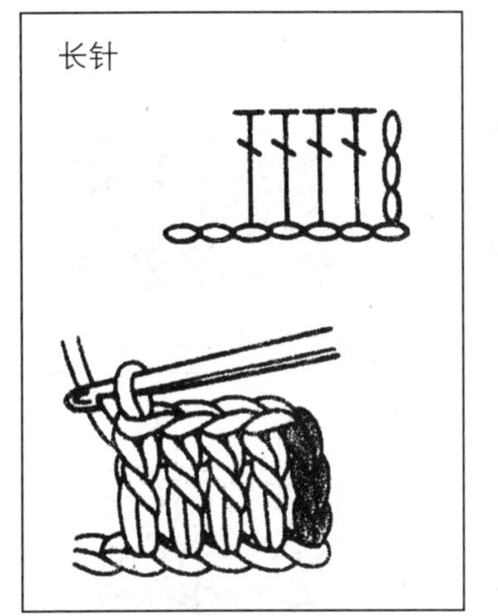

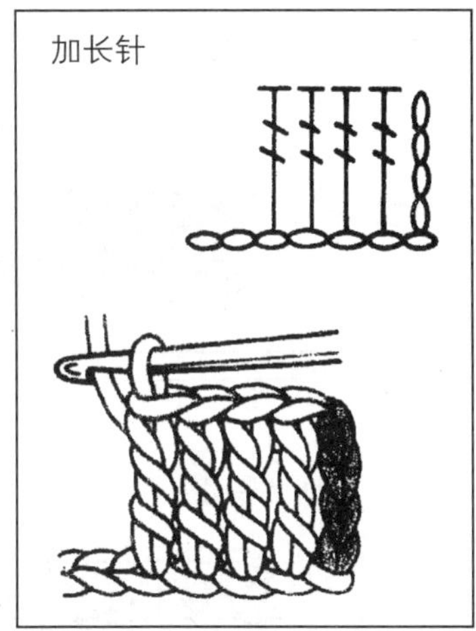

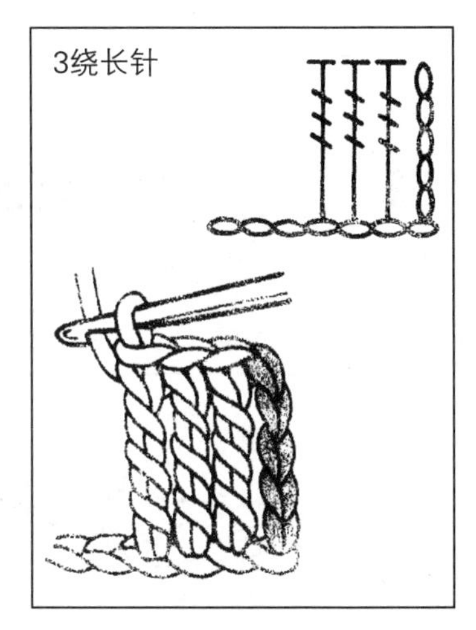

图3-6　适合各种针法织物高度的起立针（锁针数）

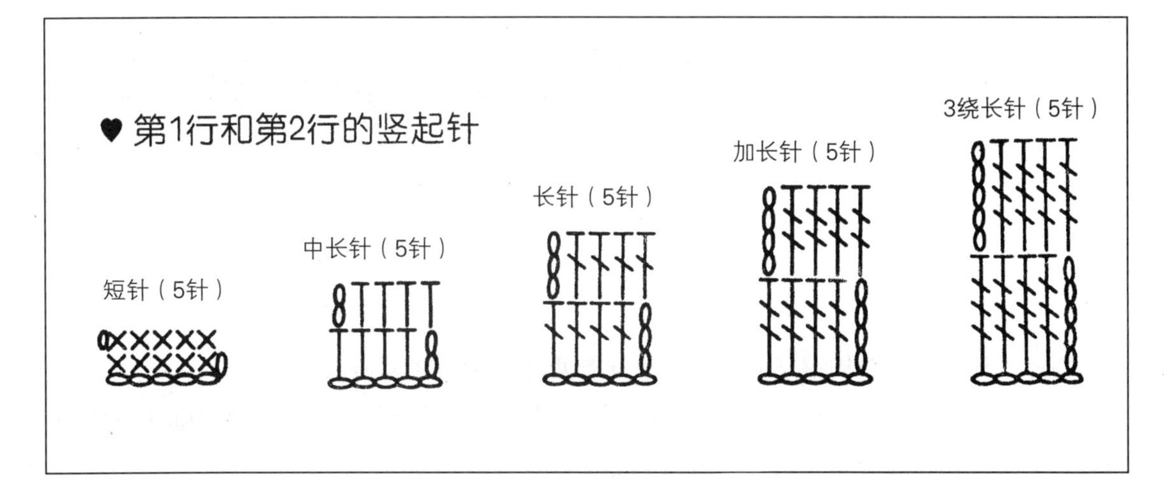

图3-7　不同针法的第1、2行起立针

2. 钩编织物的挑编方法

（1）衣片织物挑编方法

衣片织物挑起起针的锁针，钩编第一行的方法共有 3 种，如图 3-8 所示。

① 穿过锁针对侧的线的方法。用一般的挑线方法挑起的线易织、具有伸缩性。适用于短针及长针等不跳针、全针挑起的钩编织物，见图 3-8（a）。

② 穿过锁针反面的线套的方法。用于钩双重渔网等第 1 行和反方向不挑针的场合，其起针的锁针针圈整齐排列，可以编出漂亮的边缘，见图 3-8（b）。

③ 穿过锁针对侧的线和反面的线的方法。适用于松针或圆针等在 1 针锁针中放 2 针以上，以及方格针、网针、贝壳针等要跳针的织物，见图 3-8（c）。

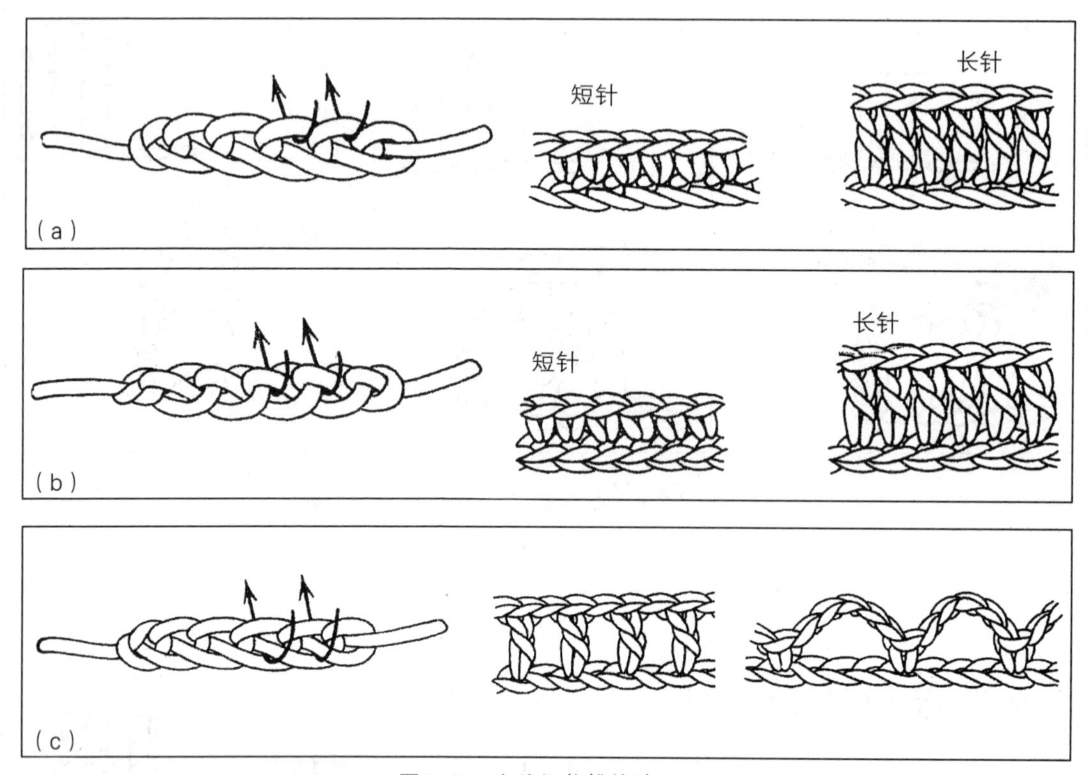

图3-8　衣片织物挑编法

（2）圆形（环状）织物挑编方法

圆形（环状）挑针钩编第一行的方法共有两种，如图 3-9 所示。

① 以锁针做圆圈的方法。按照钩编符号编锁针并做成圆圈，以该圆圈为起针钩编第一行，要注意钩编适合第 1 行针法高度的起立针锁针数。

② 以线圈打底方法。以该线圈作为起针行钩编的第 1 行，要注意钩编适合第 1 行针法高度的起立针锁针数。

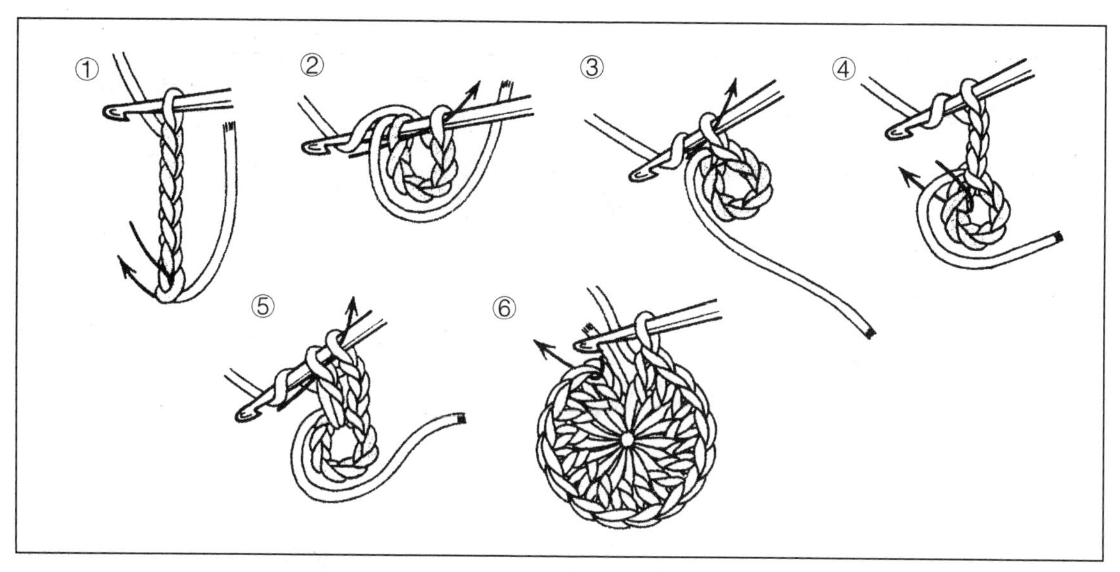

图3-9　圆形织物挑针编法

第二节　钩针编织技术语言

一、钩织符号、表示法及针法

1. 钩针编织技术语言

为了便于掌握各种花样的编织法，我们对各种针法采用符号表表示。花样编织采用图解和文字说明相结合的方法加以介绍。只要弄清基本针法及符号，参看花样图解和文字说明，便可以掌握钩针编织工艺的基本技法。

2. 钩针编织符号、表示法及针法（编织说明）

常用钩针编织符号、名称、表示法、钩法及编织说明见表 3–2。

图表3–2　钩针编织符号、名称、表示法、钩法、编织说明表格

符号	名称	表示法	钩　法	编织说明
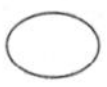	锁针		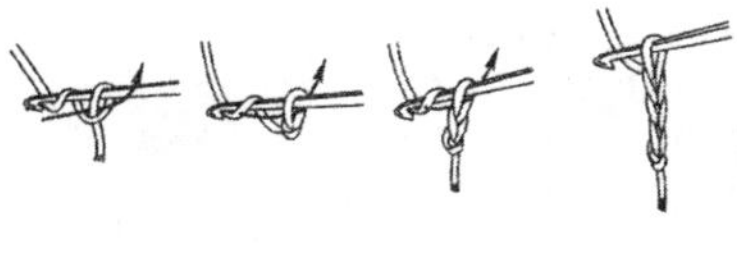	先在线的端点打一活结，套在钩针上，再用针尖钩住线（逆时针绕针），将线钩出后，反复钩编，即成锁针辫子

（续表）

符号	名称	表示法	钩　法	编织说明
 × +	短针	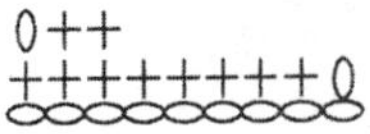		起第二行第一针钩锁针后，从下一针的针孔进针，绕线拉出1针，反复钩编即成一行短针
	中长针	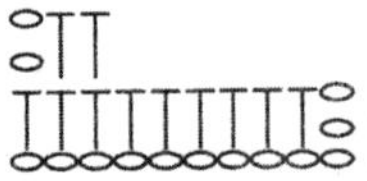	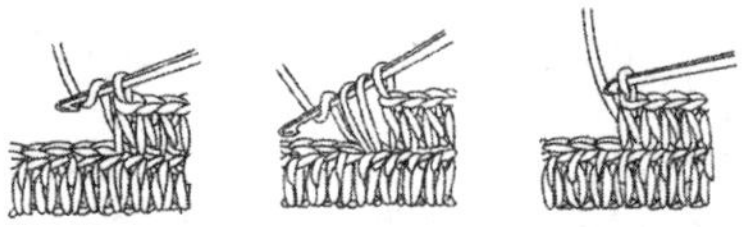	在钩针上绕一线圈，再把钩针插入前一行的第4针的针孔内钩住线，退掉3个线圈后带出线，即成中长针
	长针	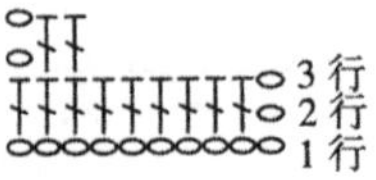	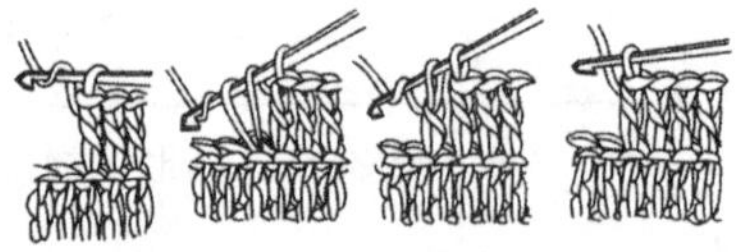	在钩针上绕一线圈，把钩针插入第六个锁针孔内钩住线，抽出1针。两针一并，钩两次把线圈带出，即成长针
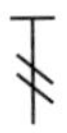	长长针	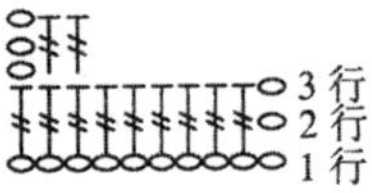	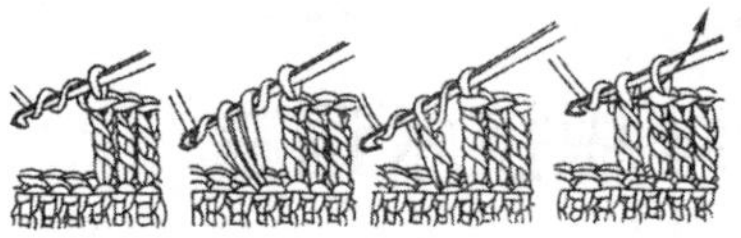	先在钩针上绕两个线圈，再把钩针插入第6个锁针孔内钩出1针，两针一并，并3次后把线圈带出，即成长长针
	交叉长针	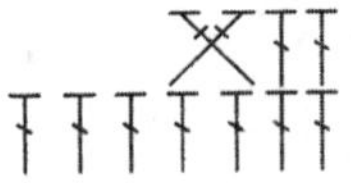	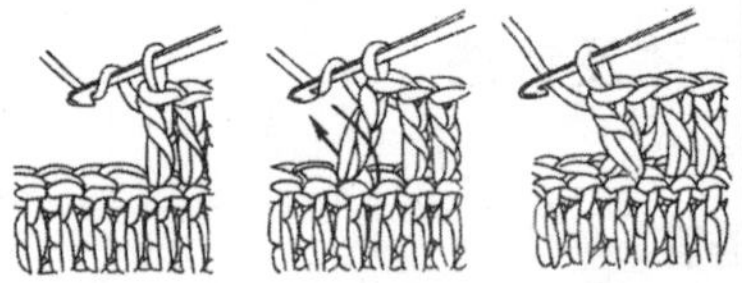	绕一线圈在第二个针孔进针，钩长针。再绕一线圈回第一针孔钩长针，然后两长针交叉
	2短针并针 3短针并针	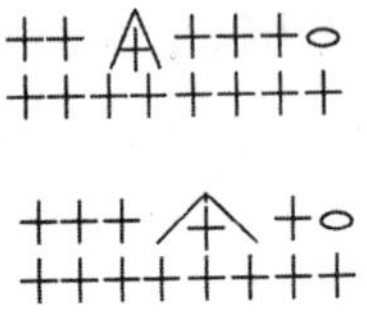	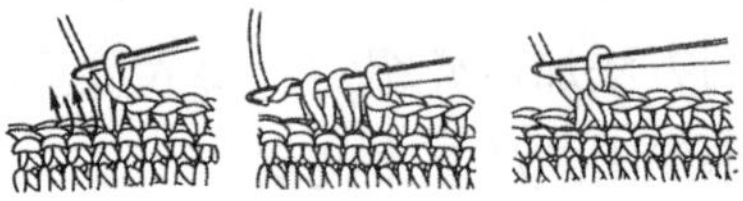	绕线进针带出，把带出的线圈并针
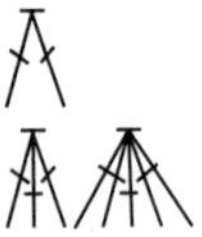	2长针并针		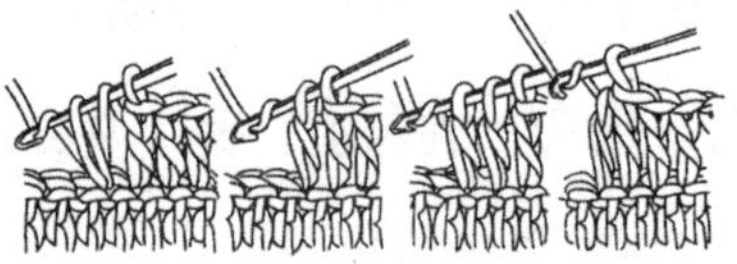	绕一线圈钩长针，并一次，再绕一线圈钩第二长针，并一次，再绕线，将剩余线圈并完
	3针中长枣针	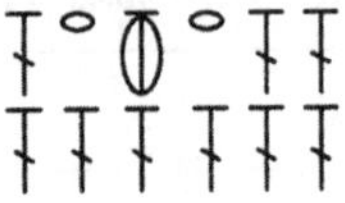	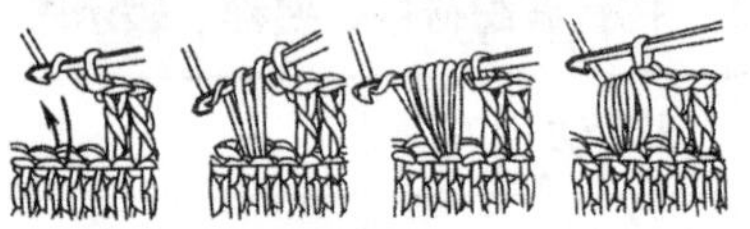	先在前一行的同一针孔钩出3针，再合并钩1针，形成突出的一粒
	5长针枣针	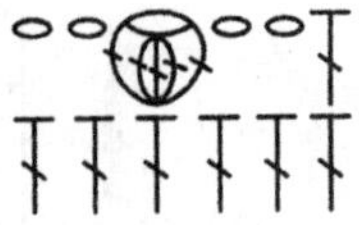	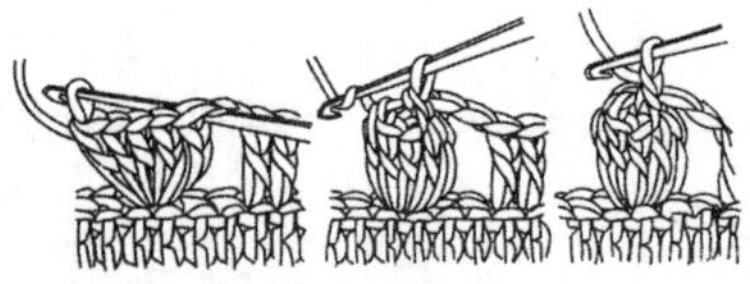	先在前一行的同一针孔内钩出5个长针（只并一次），再绕线，将5针一起锁死（绕线带出）

（续表）

符号	名称	表示法	钩　法	编织说明
	外变形针 内变形针	 	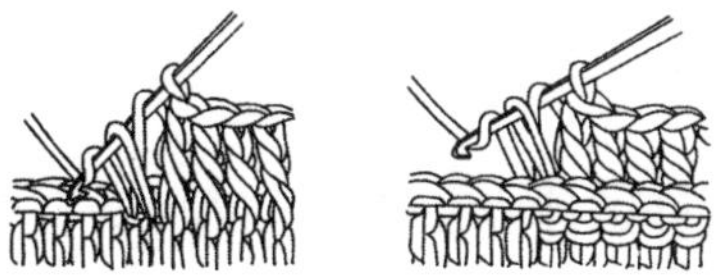	在前一行的基础上，只是进针和出针的位置不同钩长针（内进内出、外进外出），织物呈90°转折
	叠针		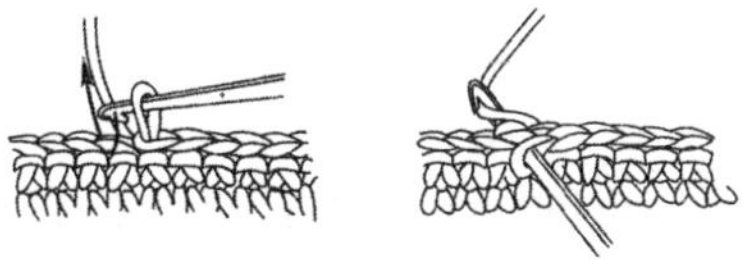	将针插入前一行相应针孔，绕线带出并锁好，反复进行，即成叠针
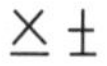	畦针		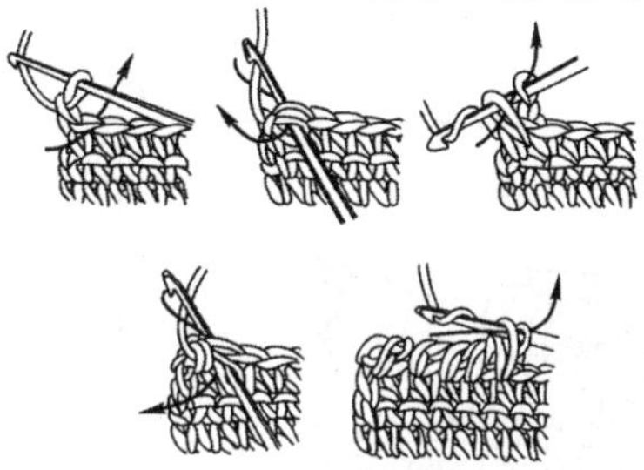	针距可长、可短。先将钩针插入前一行相应针孔，绕线带出，再绕线将钩针上两个线圈锁住带出
	牙针 狗牙针	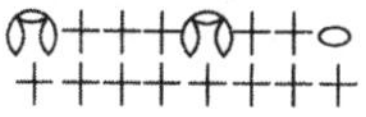 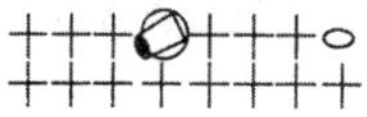	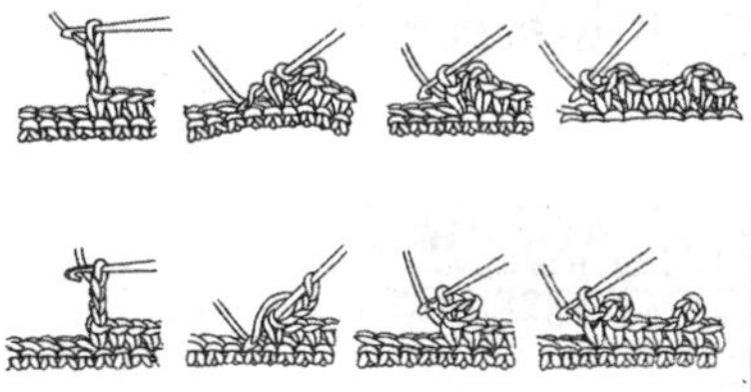	属于装饰针。原地连钩3针锁针，再回原地钩一短针并锁好
	长毛绒针		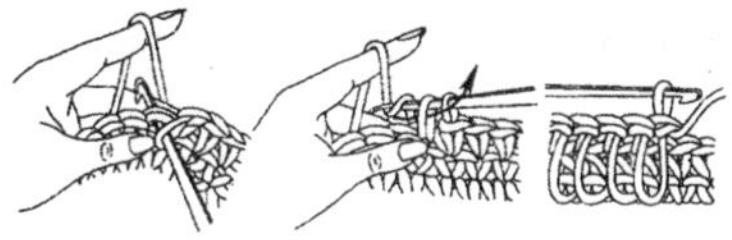	针法同叠针，只是进针时用左手食指压一线圈再绕线带出。如此反复

第三节　钩编加、减针法

一、钩针加针法

这是需要拓展织物幅宽时的操作技法。通常用于身片的腋下或袖下，可在同一位置加1针、2针或3针等多针，加针的位置有行的开始、收尾、织物中间等，这根据扩宽形式的要求而区别使用。增加针数的同时，也完成织物基本的短针、中长针、长针钩编。中长针与长针的加针方法相同。

钩针编织中加针常用于边缘处的领口和袖口等位置，加针方法可分为旁边加 1 针、旁边加多针和在中间加针等多种。

1. 旁边加 1 针

（1）左边加 1 针

在织物钩至最后 1 针短针或长针时，同一针孔多钩 1 针短针或长针，再另起下一行按照第一行多加 1 针后的针数继续织，如图 3–11 所示。

（2）右边加 1 针

织完前一行起织下一行时，先织起立针，再在起立针原针孔处加织 1 针短针或长针，如图 3–12 所示。

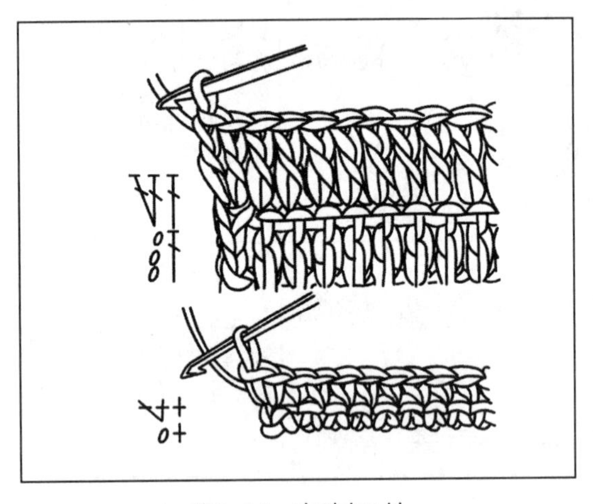

图3–11　左边加1针

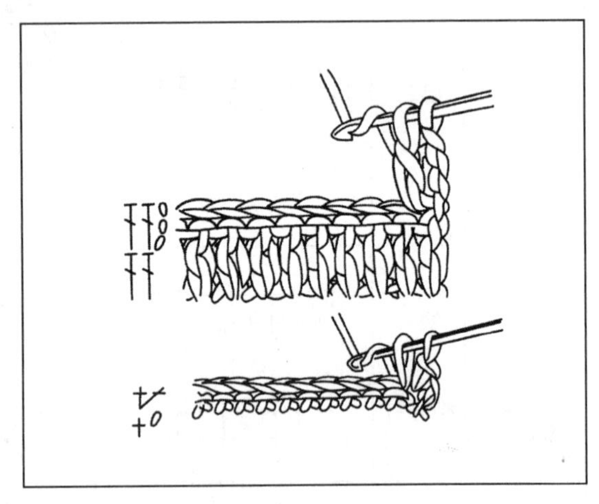

图3–12　右边加1针

2. 中间加针

在钩编织物中间加针，只需在加针处连续加钩所需针数便可，如图 3–13 所示。

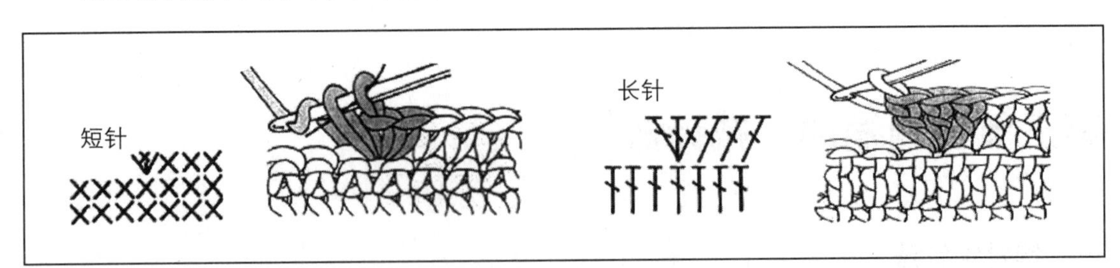

图3–13　中间加多针

3. 旁边加多针

（1）左边加多针

左侧加多针方法如图 3–14 所示，在编织至左侧最后一针时，如图在刚钩编完成最后一针的左下角线套处进针绕线钩编，每钩加一针都如此操作，钩编至所加短针或长针数后，至所需加针数翻转钩片，按照新加的针数钩编织物下一行。

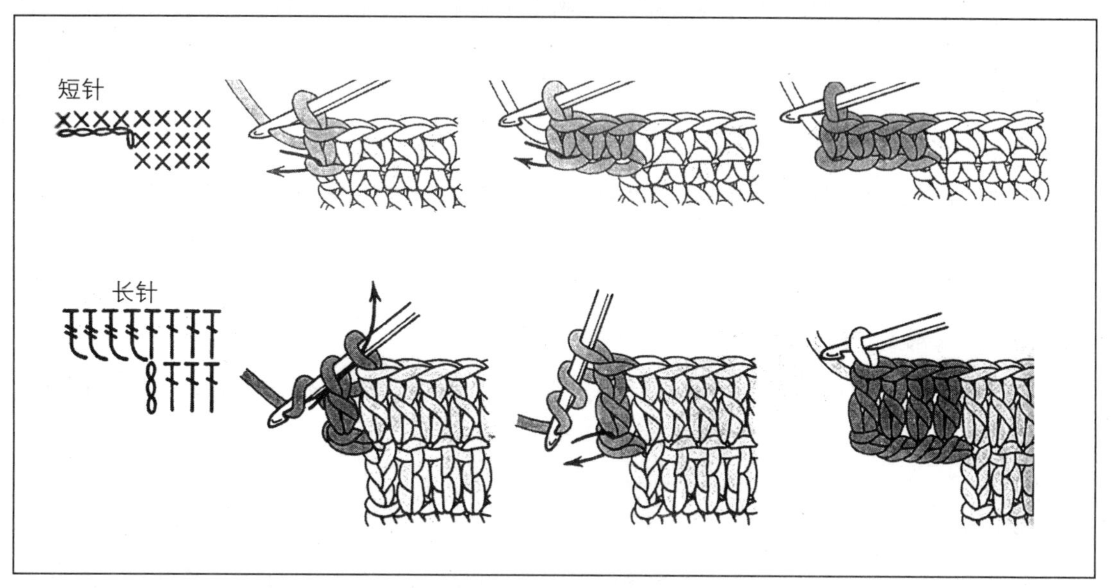

图3–14　左边加多针

（2）*右边加多针*

织完最后 1 针时，钩出多针锁针至多加的针数后翻转织片。在此基础上在最右端先钩与织片针法相同的起立针，再钩编下一行，如图 3–15 所示。

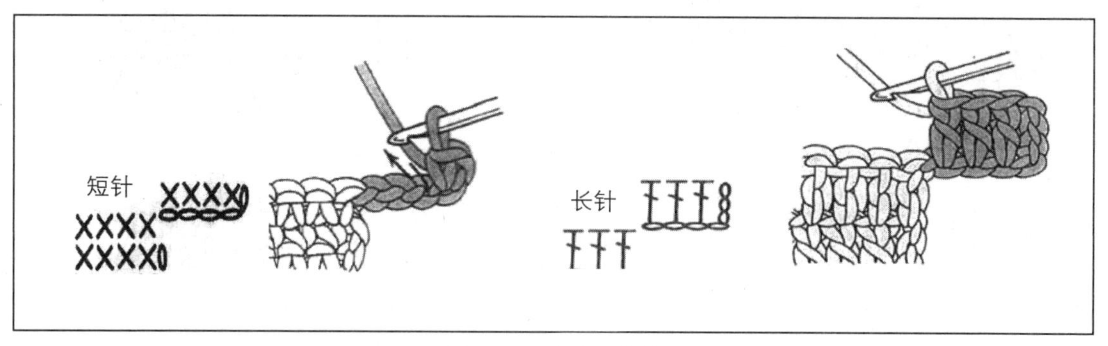

图3–15　右边加多针

二、减针法

减针法是收窄织物幅度的操作技法。通常用于袖口、领口和袖肩等处。可在同一位置减 1 针、2 针、3 针及多针等，通过如下减针技法而实现，减针的位置有行的开始、收尾、织物中间等处，这根据收窄形式的要求而区别使用。减少针数的同时，也完成织物基本的短针、中长针、长针钩编。中长针与长针的减针方法同。

钩针编织中减针常用于斜线位置、袖窿和领口等处。编织斜线多用均匀减针数的方法，编织曲线多用减多针的方法。

1. 旁边减 1 针

（1）左边减 1 针短针

在织完倒数第 3 针短针时，钩后两针，将最后两针未钩完的短针并成 1 针，如图 3–16 所示。

（2）左边减 1 针长针

在织完倒数第 3 针长针时，钩后两针长针，将最后两针未钩完的长针并成 1 针长针，如图 3–16（a）所示。

（3）右边减 1 针短针

在起第 2 行织完第 1 针锁针起立针时，钩后两针短针，把两针短针并成 1 针，再继续往后钩织便减掉 1 针短针，如图 3–17（b）所示。

（4）右边减 1 针长针

在起第 2 行织完第 2 针锁针（起第一针长针的起立针），钩编后两针长针时，把未钩完的两针长针当成 1 针钩，再继续往后钩织便减掉 1 针长针，如图 3–17（a）所示。

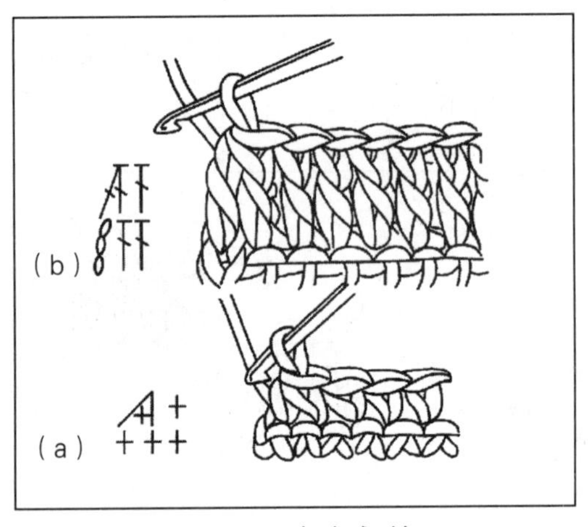

图3–16　左边减1针

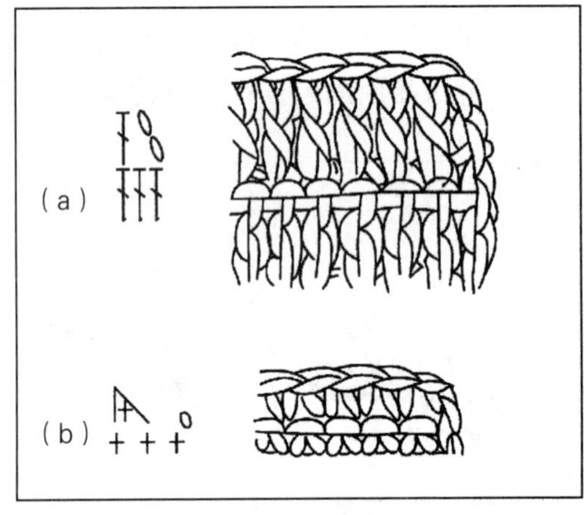

图3–17　右边减1针

2. 旁边减多针

（1）左边减多针

钩到需要减针的位置停针，翻转织物继续钩下 1 行，如图 3–18 所示。

（2）右边减多针

减针的针数用拉针（叠针或畦针）钩织，然后钩下一行，如图 3–19 所示。

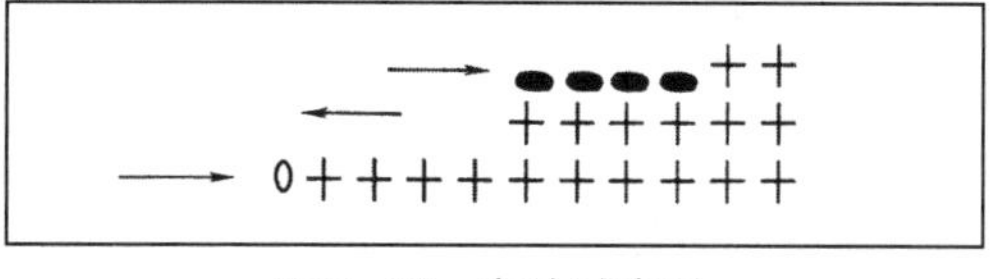
图3-18　左边减多针

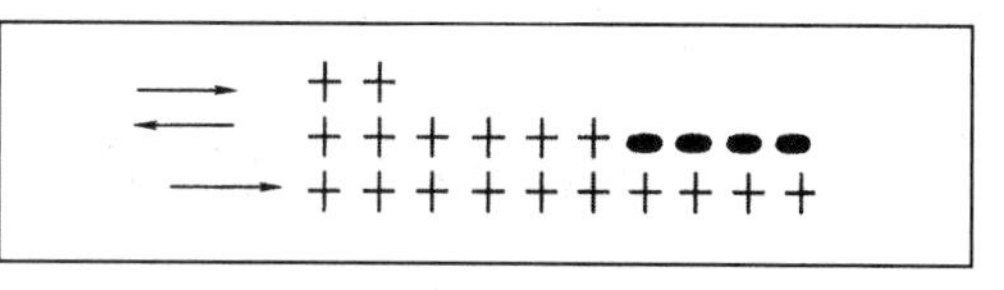
图3-19　右边减多针

第四节　引退针法

钩针的引退针法与减针相同，但为使斜线整齐，要用高度不同的针法钩织斜线。

一、钩织完成的引退针

钩织完成的引退针，如图 3-20 所示。此种方法是从袖头向袖山顺序的钩编方法。开始钩编引退针的第 1 行时钩 1 针锁针起立针，第二针短针、第三针中长针这样依次渐长至标准钩片针法长度，钩至倒数几针再做相对钩编针法高度渐短操作，从长针、中长针、短针后锁住。钩编第 2 行时，越过几针不钩至第 2 行起针位如上行操作便可形成编织完成的引退针法。

二、钩织进行中的引退针

先根据需要的针数起头钩锁针，第 1 针根据计算出来的编织高度钩织。将毛线跨至第 2 行起针位置，应把跨线钩到织物背面，钩完第 2 行，如图 3-21 所示。

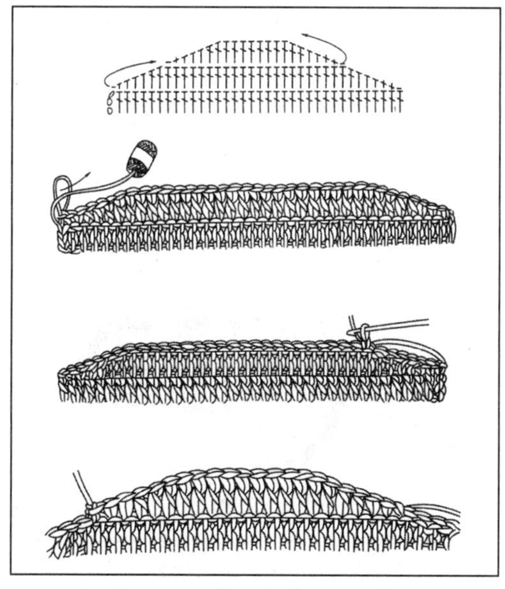
图3-20　编织完成的引退针

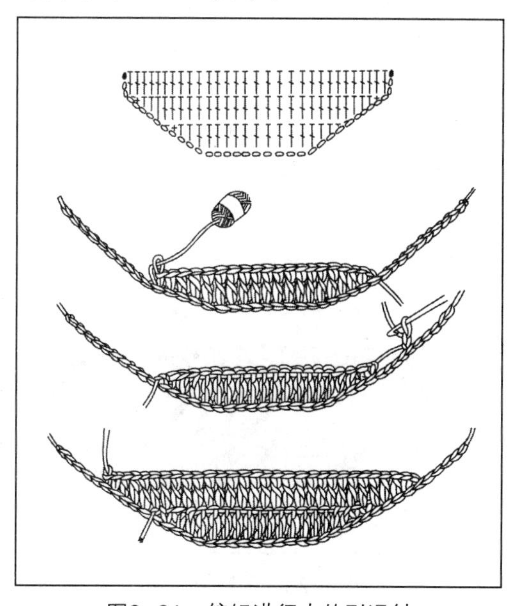
图3-21　编织进行中的引退针

第五节 缝合法、挑针法

一、缝合法

1. 钩针缝合法

将两片织物的正面相对重叠起来，用钩针穿过两片织物的边缘针孔，每隔 2~3 针锁针钩合 1 次锁针或拉针，如图 3-22 所示。

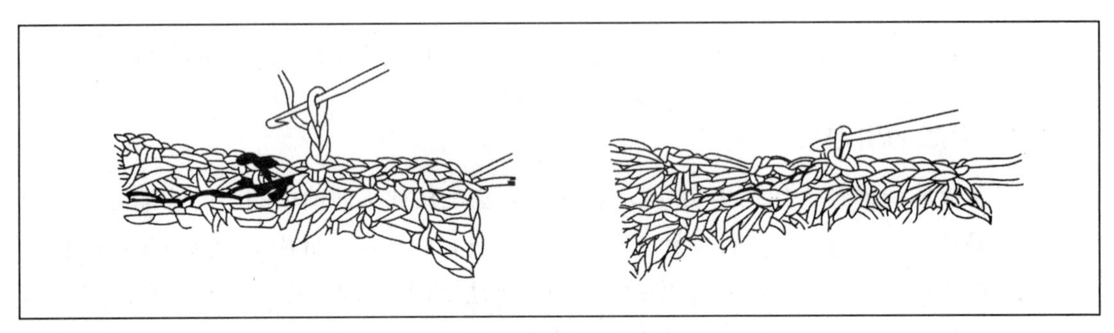

图3-22 钩针缝合法

2. 手针缝合法

① 将两片织物正面向上对齐，用缝合针交替穿入两片织物边缘的针孔缝合，如图 3-23 所示。

② 将两片织物正面相向重叠起来，用缝合针穿入两片织物边缘针孔缝合，缝合方法采用倒回针针法，如图 3-24 所示。

③ 将两片织物正面相向重叠起来，用“弓”字针缝合。

④ 将两片织物正面相向重叠起来，用缝合针一次穿过两片织物边缘，将线卷一下套在针上，再拉紧打结。

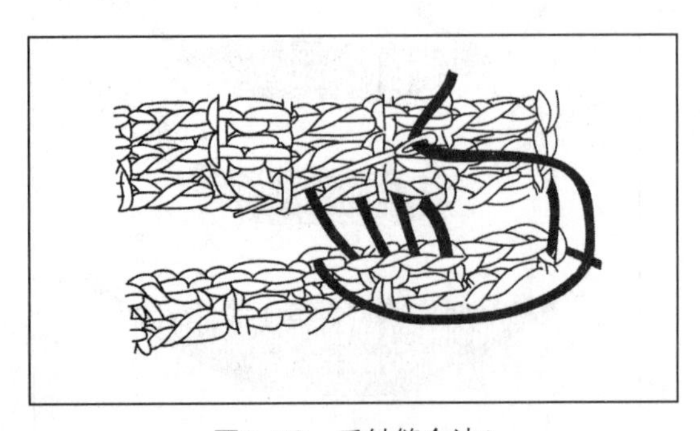

图3-23 手针缝合法1

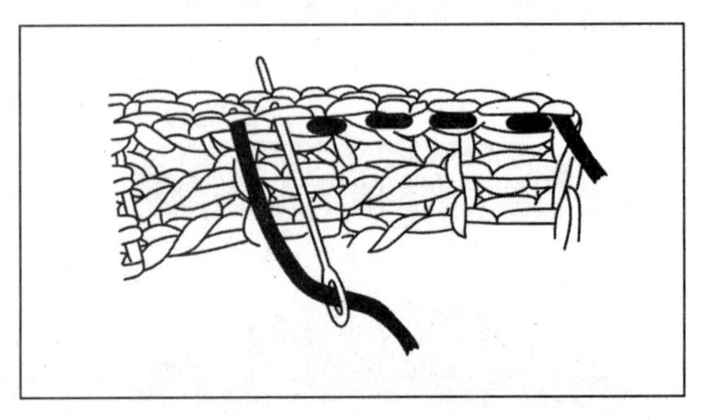

图3-24 手针缝合法2

二、挑针法

① 横向向上挑针。

② 纵向边缘挑针。

③ 斜线（或曲线）边缘挑针。挑针的方法如图 3-25 所示。

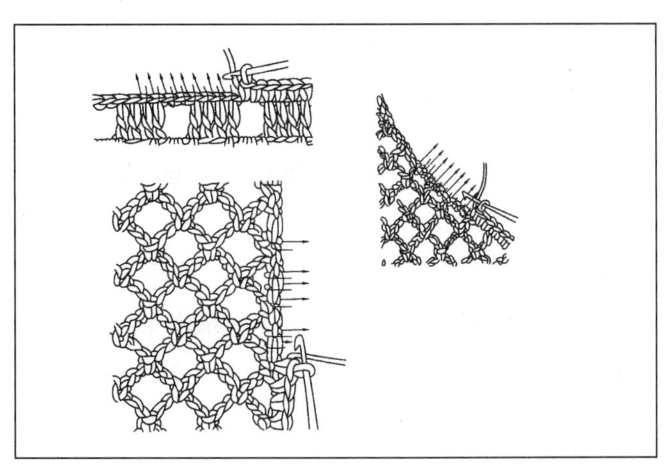

图3-25　挑针的方法

第六节　钩针编结技艺的应用

一、几何型钩片的连缀

几何型钩片是指相同的钩编方法为一个单位，几片该单元连接。大的作品中还有花边装饰。几何型钩片的形状基本上为圆形、三角形、四角形、正六边形、正八边形等以对角线连接、对称的形状。相同的单元几何型花片根据排列方法的不同，其作品的构成图案也有所不同。单元几何型钩片的钩编通常是由中心向外环状扩展钩编的,但也有由一边起编，或由一角起编的情况。

1. 钩编方法要点

由中心起编的单元几何型钩片，为防止起针的圆圈松开，要用 2 根线或用锁针钩编结实。另外，编二三行后，要将圆圈中的线头系紧，使中心保持完整。

环状钩编的单元几何型钩片,要注意外周不可过紧。圆形图案的要保持每行均为圆形；三角形、四边形和六边形等多边形钩片，要每环规律加针钩编同时要时常放在平坦处检查外周是否过紧，特别是连接单元钩片时，要用锁针来调节钩片角集中的地方不能过紧。

2. 几何型钩片的排列方法

在几何型钩片连接时,因为排列问题,会使单元图案之间产生有空间,或无空间。因此,有时会产生出令人意想不到的构成图案形式,也可以在该空间中加入新的单元钩片,形成不同形式的构成图案织片。

即使是同样的单元图案,因为排列不同,也会令人完全看不出该单元的图案。当然,这也是几何图案的妙趣所在。下面介绍常见的 5 种单元图案的排列方法。

(1)四边形的对齐排列

横竖都没有间隙,完成图案呈边缘整齐、笔直的正方形、长方形,如图 3–26 所示。

(2)四边形斜向排列

虽然也是边对边,但形成的图案则完全不同,完成图案大体呈正方形、长方形,但边缘呈锯齿状,如图 3–26 所示。

(3)正六边形的边对齐排列

各边对齐,没有间隙。横竖排列为长方形,沿四周排则为六边形,如图 3–27 所示。

(4)正六边形的角对齐排列

只将各角对齐排列。单元钩片与单元钩片之间出现正三角形的空间,完成图案呈长方形、六边形,如图 3–27 所示。

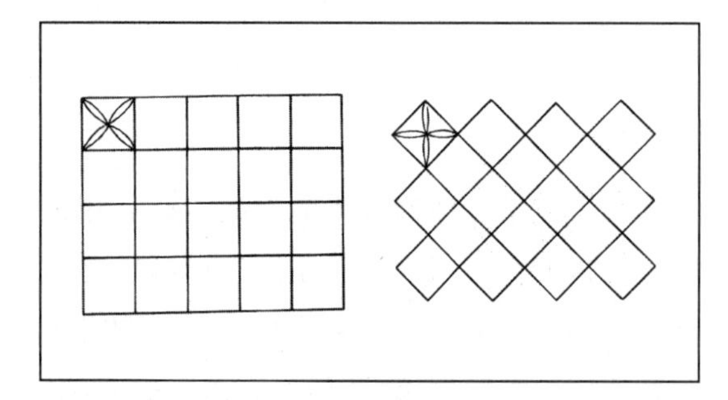

图3–26 四边形排列

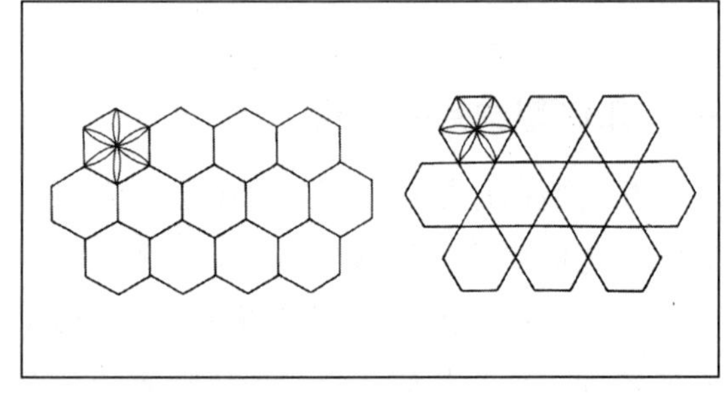

图3–27 六边形排列

(5)八边形的边对齐排列

每隔一个边对齐排列。单元钩片之间出现正方形的空隙,完成图案成正方形或长方形,如图 3–28 所示。

(6)八边形的角对齐排列

各个角对齐排列,单元钩片之间出现十字空隙,完成图案呈正方形或长方形,如图 3–28 所示。

（7）圆形纵横排列

实际上是八边形的排列方式。单元钩片之间出现尖角的四边形，完成图案呈正方形或长方形，如图 3–29 所示。

（8）圆形交错排列

各个角对齐排列。单元钩片之间出现十字空隙,完成图案呈正方形或长方形,如图 3–29 所示。

（9）三角形的边对齐排列

实际上是四角形与六边形排列方法的应用。各个边对齐,完成图案呈长方形或六边形,如图 3–30 所示。

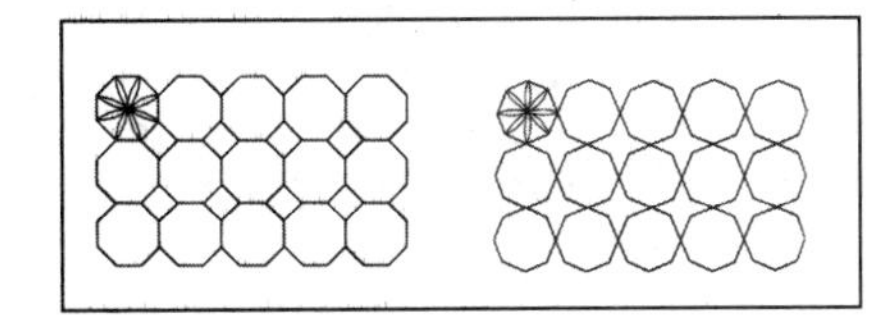

图3–28 八边形

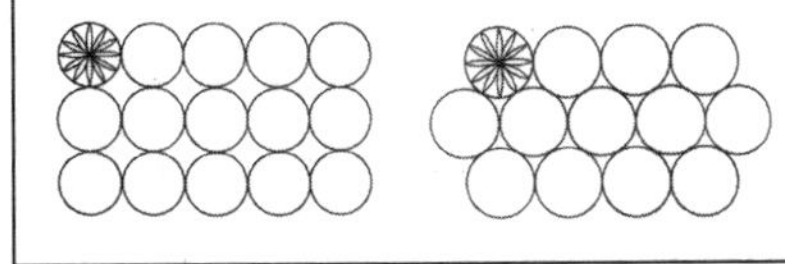

图3–29 圆形

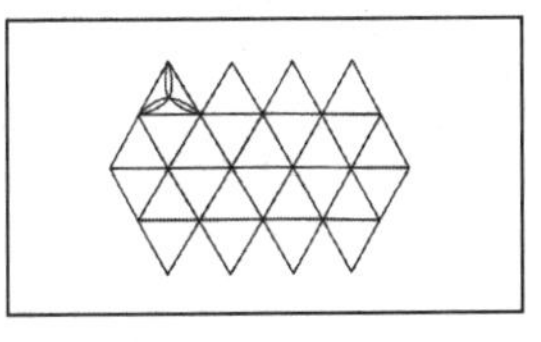

图3–30 三角形

要注意的是，单元钩片的排列方式，除以上几种外还有很多。不管什么情况，都要平整摆放、相互不要硬性牵拉、留有自然间隙。这是关键。小小的间隙仿佛作品的花边一样，但过大的间隙则会导致图案不稳定，此时可用其他小的单元钩片来填补。

3. 几何钩片图案的连缀方法

几何钩片的连缀钩编会因单元钩片的圆形以及排列方法的不同，产生令人意想不到的效果。

连缀方法分为一边钩单元钩片图案的边，一边在其最后一行（以拉针、短针、长针等针法）连缀的方法。单元钩片图案完成后（以拉针、短针、长针）连缀成片的方法如图 3–31 所示。连缀技法多种多样，要选择适合该单元钩片图案的连缀方法。

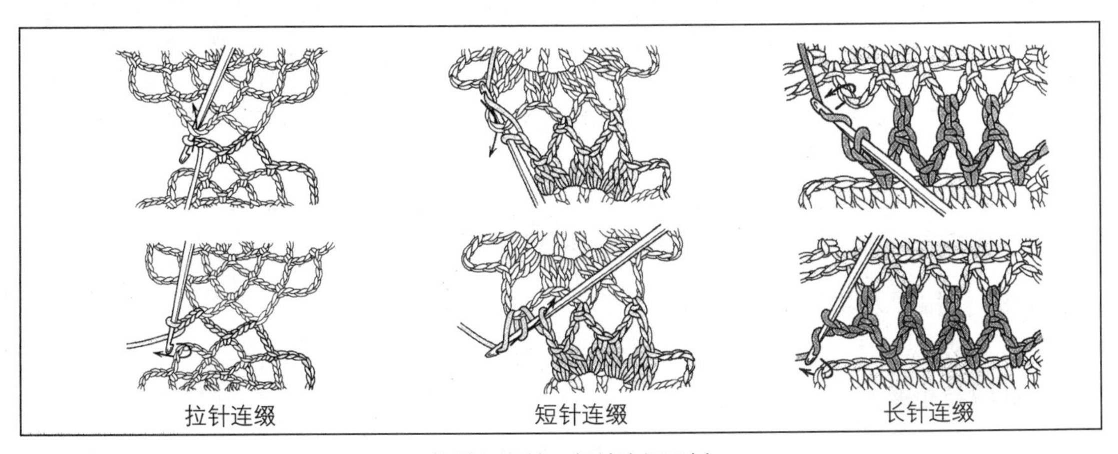

图3–31 拉针、短针、长针连缀图例

4. 空间的填补方法（图 3-32）

① 由中心向各单元钩片图案钩编短针、锁针来填补，如图 3-32（a）所示。

② 由中心向各单元钩片图案钩编短针、锁针、逆十字针来填补，如图中 3-32（b）所示。

③ 由各单元钩片图案向中心钩编长长针来填补，如图 3-32（c）所示。

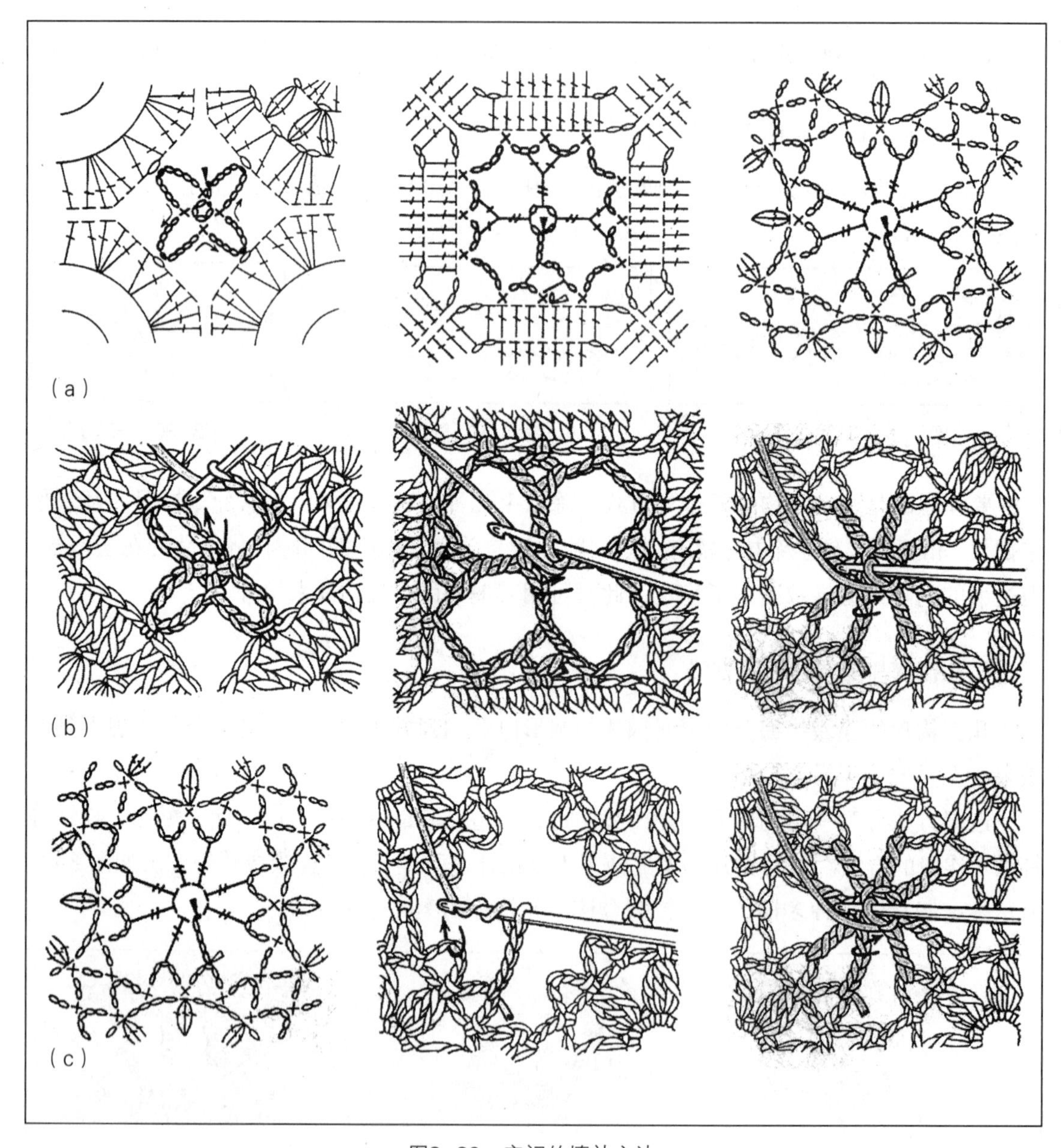

图3-32　空间的填补方法

二、扣眼、扣襻及绳带编制方法

1. 扣眼与扣襻

系扣子用的扣眼和扣襻是钩编时最具实用性的技巧。

（1）扣眼

扣眼用于衣片门襟交叠处固定时，需要在织物中系扣处开孔。在织物中做出系扣子用的孔，由于与针圈平行走向，比如一边钩编衣片一边操作，就可以做出横向的扣眼；如果从前端挑针预留，则可以做出纵向扣眼，如图 3–33 所示。

① 短针织物中开扣眼。在开扣眼的位置钩编锁针至扣的直径长度，跳过前一行几针后继续钩编。钩编下一行时，在锁针跳过的几针处锁针上继续钩编。

② 长针织物中开扣眼。钩编到比扣眼尺寸大 1 针的位置换线，钩编扣眼尺寸（前行中暂停的针数）的锁针数，在暂停针的前一针用拉针固定并剪断线。用暂停的线，在新线所钩编出的锁针针圈上钩编长针。挑起锁针反面的凸结进行稍短的长针钩编，针数是前一行暂停的针数。在拉针针圈上钩编长针，并继续钩编长针下去。

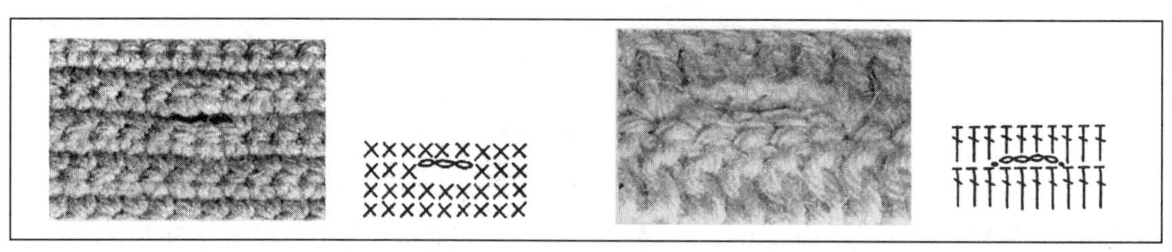

图3–33　扣眼

（2）扣襻

扣襻用于衣片对接时，在衣片织物的门襟边缘做出固定扣子的线圈。在织物的一边做系扣子用的线圈。做法不同，扣襻的粗细也不同，可以根据扣子的大小及花色进行选择制作，如图 3–34 所示。

① 短针扣襻。在做扣襻的位置钩编锁针，根据扣子的大小确定锁针针数，向后倒拉取出钩针，在织物上选定针圈入针，将刚才取下的锁针针圈钩出，再挑起锁针在锁针线圈上钩编短针。短针针数要比锁针的针数多 1 至 2 针，如图 3—34（a）所示。

② 拉针扣襻。在做扣襻的位置钩编锁针，根据扣子的大小确定锁针针数，向后倒拉取出钩针，在织物上选定针圈入针，将刚才取下的锁针针圈钩出，再挑起锁针钩编拉针，如图 3–34（b）。

③ 缝锁钮针扣襻。先将缝针穿上锁缝扣襻的线，在指定织物边穿出 2、3 股线圈作为锁缝扣襻的线芯，采用锁钮针法在线芯上锁缝，要注意扣襻最终不要露出芯线，如图 3–34（c）所示。

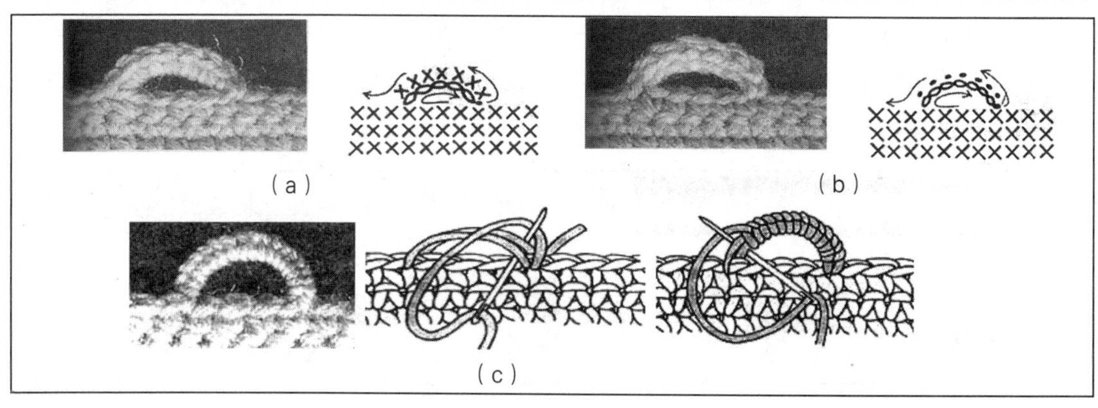

图3–34　扣襻

2. 绳带

（1）绳带的做法

通常可以选用几根线做出较粗的装饰绳带，也可以通过材料搭配做出漂亮的带子。下面是装饰绳带的几种配色制作方法。

① 拉针带子。钩编 1 行锁针，长度较带子长度多 10%。再从锁针的反面凸结处挑起最后一针开始钩编拉针，注意锁针不要过紧，以免绳带过紧，如图 3-35 所示。

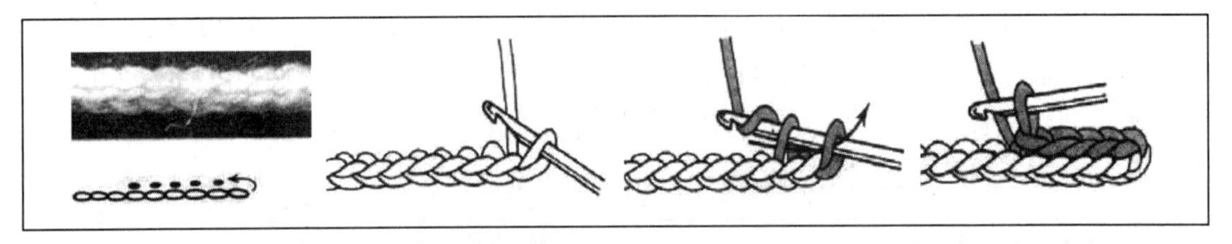

图3-35 拉针带子

② 虾状针绳带。钩编 1 针锁针后，从下面的打结处入针，钩编短针，将织物翻至左侧使反面朝上，后将针插入左侧短针基部线圈，钩编短针。每针都是再将织物翻至左侧使反面朝上，将针插入左侧短针基部线圈钩编短针，一翻转一钩编形成虾状针绳带，如图 3-36 所示。

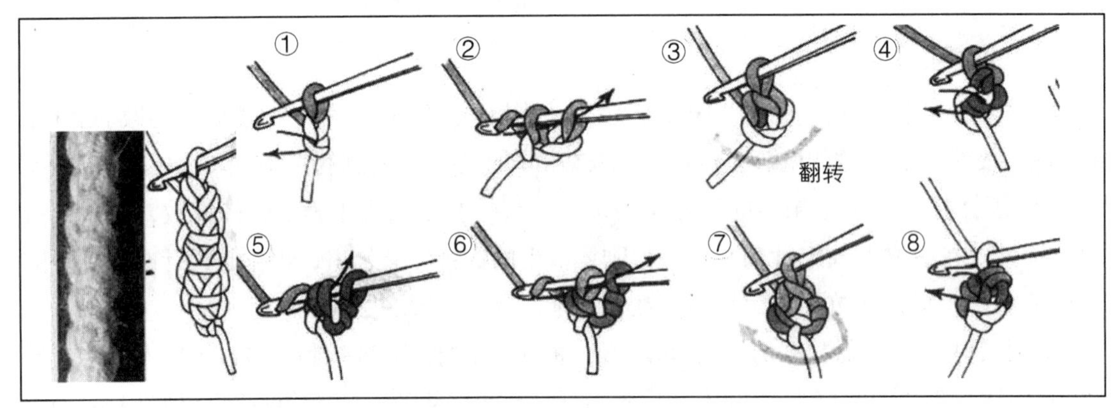

图3-36 虾状针绳带

③ 双重锁针四楞绳。钩 1 针锁针，挑起锁针反面的凸结将线钩出，并将钩出的线圈从钩针上取下，利用针上的（原线套）另一针线套钩编锁针，后再将针插入先前取下线套钩编锁针并取下线套，再钩编钩针上原线套锁针，后插入前线套钩编锁针，一根线轮流先后钩编锁针的双重锁针四楞绳钩编方法如图 3-37 所示。

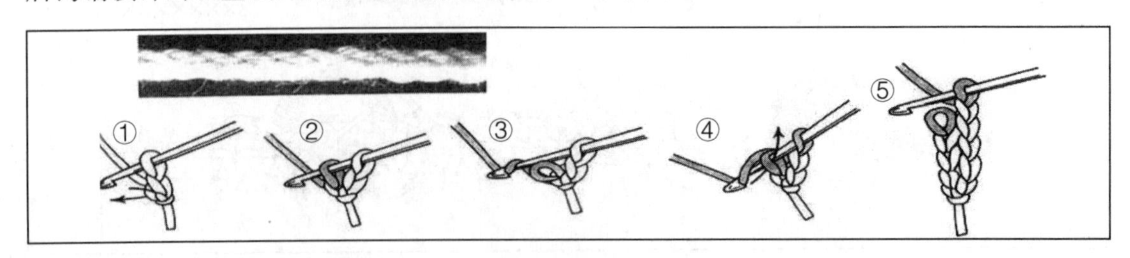

图3-37 双重锁针四楞绳

④ 变异双重锁针四楞绳。像起针那样将线绕在针上，再将第二种线挂在针上，沿着箭头方向钩出。再次将第二种线从对侧挑起，针上挂第一种线，沿画箭头方向钩出，并重复操作，如图 3–38 所示。

⑤ 绳编四楞绳。将 4 根线各 2 个交互编起。因编绳方法不同，会导致配色结果变化，因此要按照统一方向变，线长要预留带子长度的 1.4 倍，如图 3–39 所示。

图3–38　变异双重锁针四楞绳

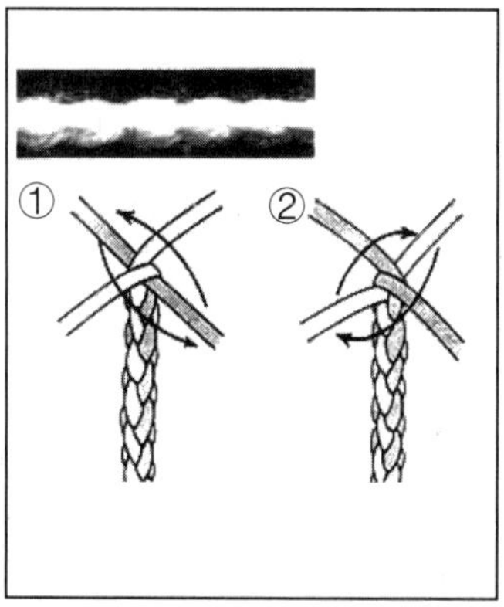

图3–39　绳编四楞绳

三、识图练习

1. 圆形织物识图练习

（1）独立花型（圆形或环状织物）如图 3–40 所示。

（2）组合圆形织物如图 3–41 所示。

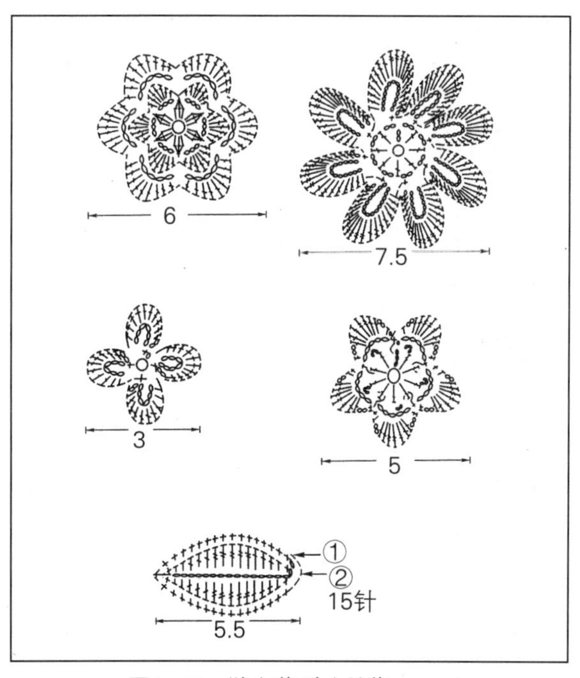

图3–40　独立花型（单位：cm）

图3–41　组合圆形织物

2. 锁针起针（衣片型）织物识图练习

（1）流苏花边如图 3-42 所示。

（2）衣片型组合针法如图 3-43 所示。

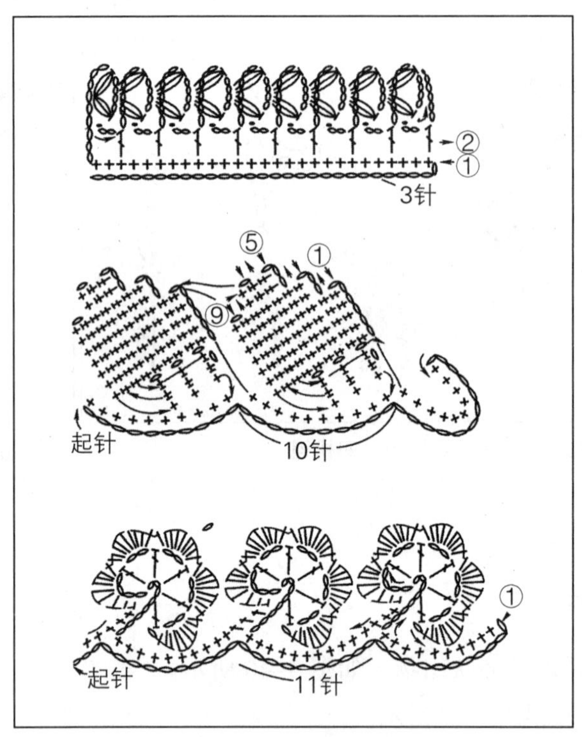

图3-42　流苏花边图例

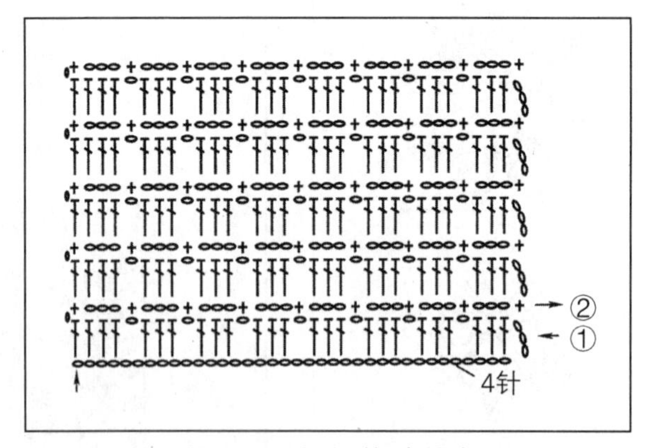

图3-43　衣片型组合针法

第四章　棒针编织

棒针编织属于编织类。这类编织物不但轻柔保暖，美观实用，而且花式繁多，废旧绒线也可以利用。随着人民生活的日益改善，编织物的穿着和应用越来越广泛，花色品种也在不断翻新。

棒针编织的服装饰物有毛衫、毛背心、毛外套、短外套、套头毛衫、毛裤、帽子、围巾、手套、毛袜、手工编织包袋、抱枕等。它的式样和花色可因穿用者的性别、年龄、高矮、胖瘦的不同而变化，尤其是花样更是如此。但是不论哪一种款式和品种，都是由几种基本针法设计编织而来的，各种花样不外是几种基本针法的变化。因此，对初学者来说，首先应学会和熟练基本编织法，只有掌握了基本编织技术，才能进行编织类服饰产品应用设计，编织出各种花色品种的服装、配饰等，美化现代生活。

第一节　棒针编织的操作方法

一、材料工具与起针方法

1. 线与针

开始编织之前，首先要准备线与针。要按照编织设计来准备材料，棒针编织的线材的花色品种、棒针型号及相关工具的选用等要确保与服饰设计上所需的线材和工具一致或接近，以便能更好地实现设计目的。

（1）手织线（绒线）相关标签识别

① 标签的识别方法如图4-1所示。

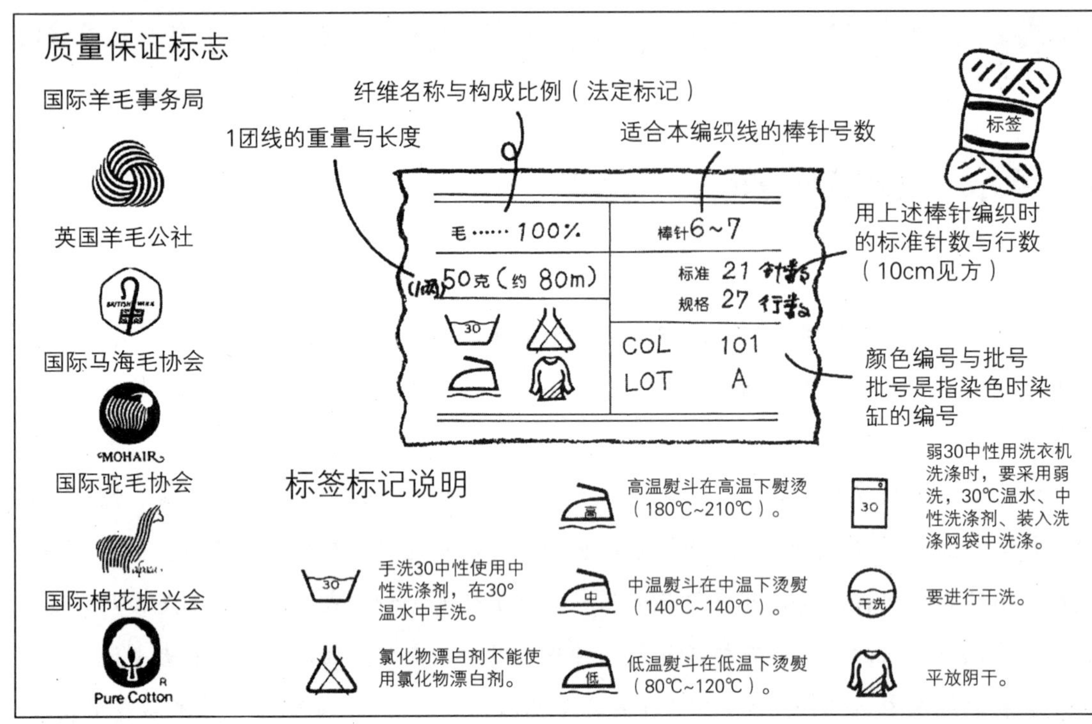

图4-1　标签的识别

② 线的种类如图4-2所示。

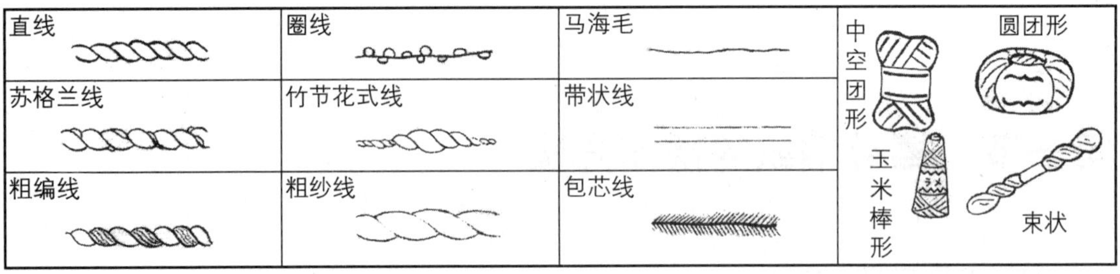

直线	圈线	马海毛	中空团形
苏格兰线	竹节花式线	带状线	圆团形
粗编线	粗纱线	包芯线	玉米棒形
			束状

图4-2　线的种类

③ 线与针的关系如图4-3所示。

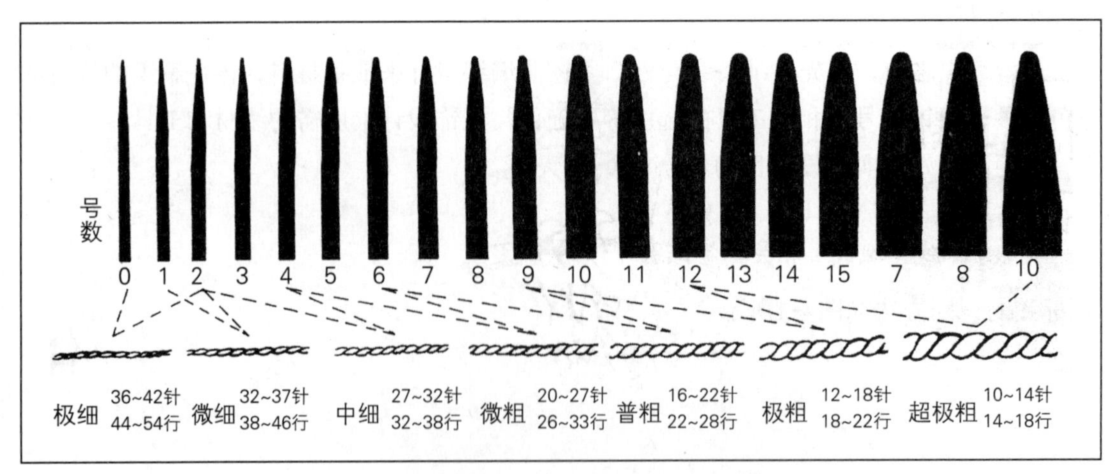

图4-3　线与针的关系

（2）棒针

棒针有 4 根棒针、2 根棒针、圈针 3 种，如图 4-4 所示。棒针的针号（越大，针越细）粗毛线常用 9 号针或 10 号针，中粗线用 13 号针。

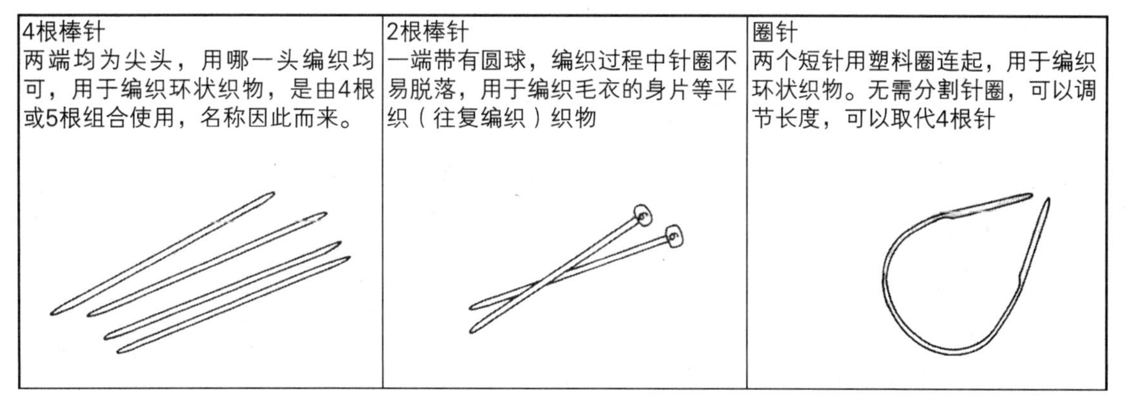

4根棒针	2根棒针	圈针
两端均为尖头，用哪一头编织均可，用于编织环状织物，是由4根或5根组合使用，名称因此而来。	一端带有圆球，编织过程中针圈不易脱落，用于编织毛衣的身片等平织（往复编织）织物	两个短针用塑料圈连起，用于编织环状织物。无需分割针圈，可以调节长度，可以取代4根针

图4-4　棒针的种类

（3）棒针编织相关工具（毛织物缝针、别针、绞花编织针等，图 4-5）。

缝针	别针	绞花编织针	大头针
是专门的毛线针，头部较圆，穿线孔也较大，用于缝合，拼合以及螺纹针锁边等	针圈暂停编织时使用。形状似大的安全别针，针圈不易脱落	用于针圈交叉时使用	要选用织物专用的大头针。装袖时，用于固定两片织物
橡胶头	**针数环、行数环**	**直尺、软尺**	**钩针**
可以装在4根棒针等不带圆头的棒针的头部，当作圆头棒针使用	安装在需要的针数，行数位置，作为标记	用于测量间距或毛衣的尺寸	用于起针或缝合肩部、装袖等

图4-5　棒针编织的相关工具

（4）棒针的持针与挂线方法

棒针编织中持针与挂线方法有两种（图 4-6），因为个人习惯不同，采用两种方法中的任何一种均可。但对于初学者来说，以先掌握方法 B 为好，因为此种方法可以十指并用，操作灵活，容易提高编织速度。

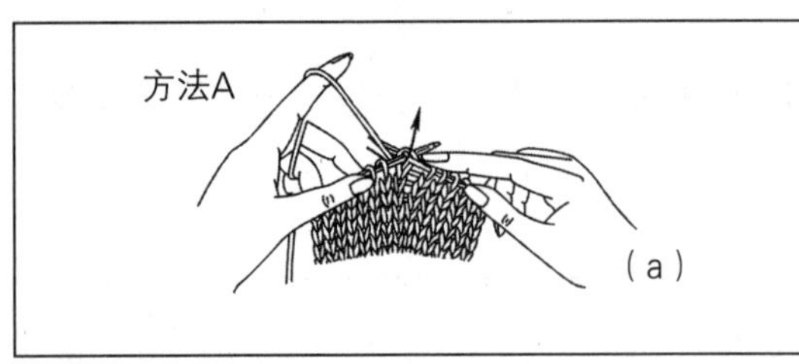

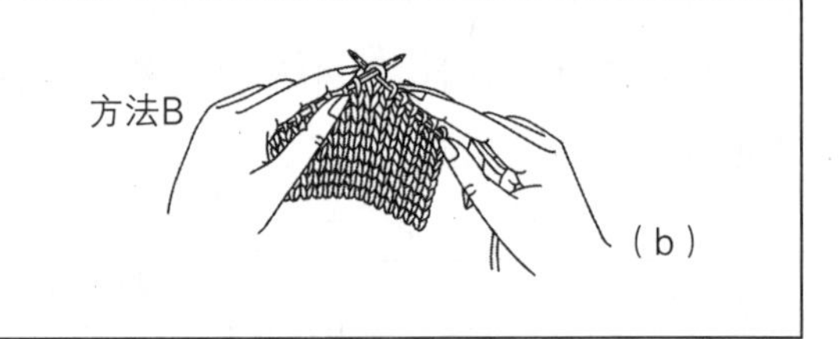

图4-6　棒针的持针和挂线方法

2. 棒针起针方法

（1）钩起法

① 锁针钩起法

用比棒针直径大 0.3~1mm 的钩针钩锁针至所需长度（衣片起针长度）。将端正锁针的一面作为衣片下摆底边，相反的一边，每针用棒针挑线作为起针第一行的每一针，如图 4-2 所示。

② 钩针钩起法

先打一活结，把活结挂在钩针上，左手撑线并持握棒针，使棒针压线，用钩针在棒针上方绕线带出，起完第一针，此时线在棒针上方，起第二针前，先将线移至棒针下方后，再用钩针在棒针上方绕线带出，依次循环，如图 4-3 所示。

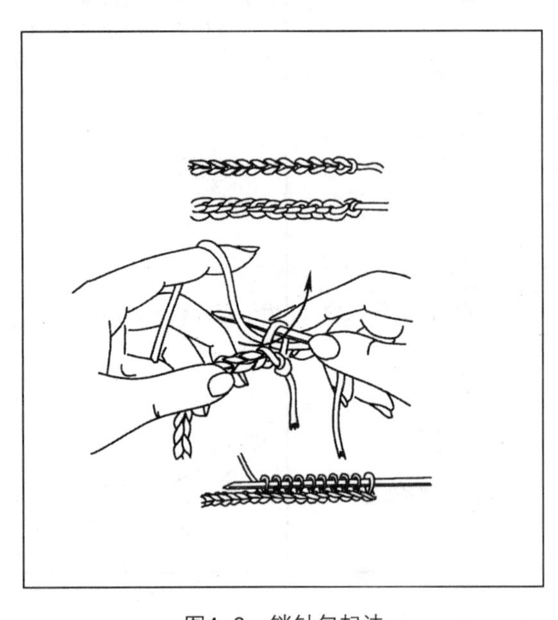

图4-2　锁针勾起法

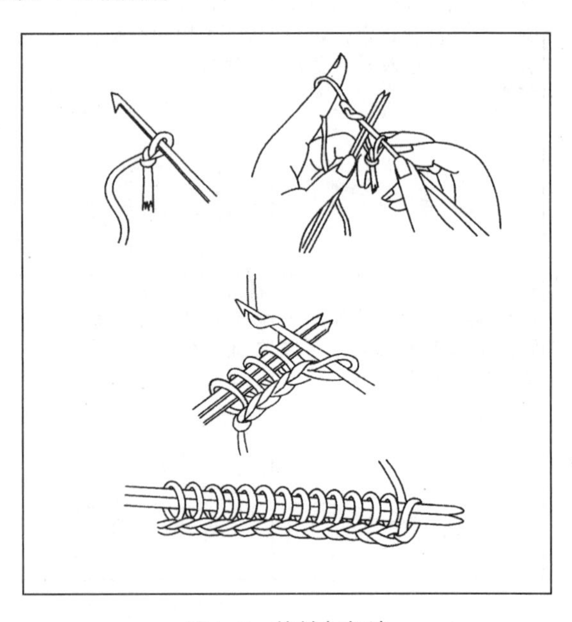

图4-3　钩针勾起法

（2）绕起法

① 食指绕起法

先打一活结挂在棒针上（可以两根棒针），左手食指绕线，右手握针，把绕好的线套穿留在棒针上。此起针法底边松散、易断，外观效果不规整紧密。

② 双指绕指法

此种起针法在线端预留出起针尺寸 3 倍起针长的线，用左手拇指和食指做成活结，套往棒针上，打一结，套一扣（绕线结方向不同，能起出上下针不同的针法结扣），如图 4-4 所示。

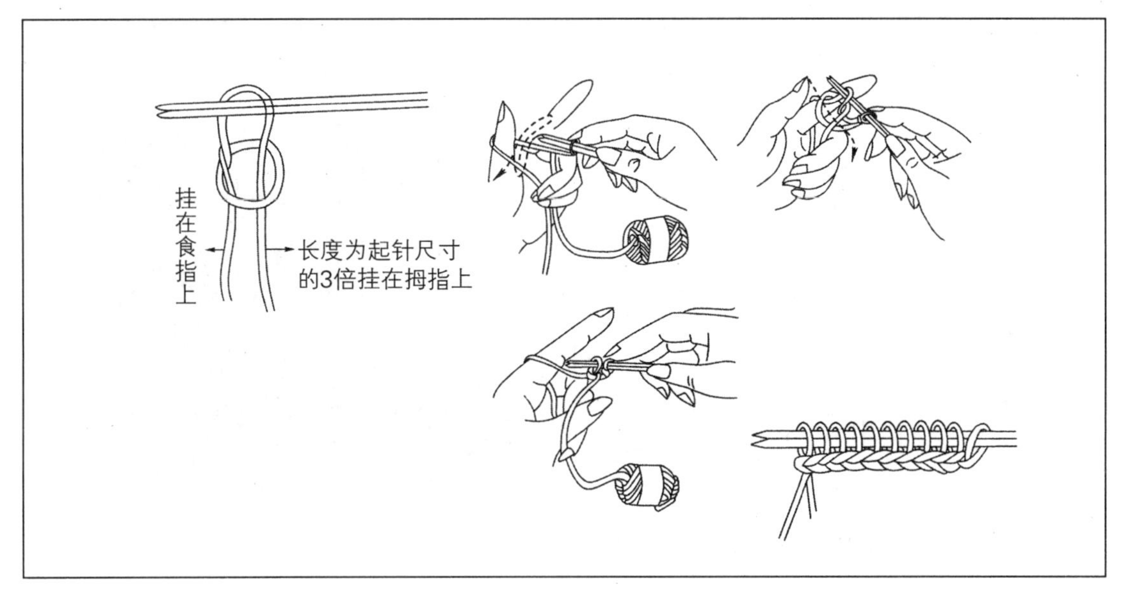

图4-4 双指绕起法

③ 织起法

a. 单边织起法

把一活结挂在左棒针上，从每前一个结扣中织下针或者上针，上下针相同，织一针往左棒针上挂一针，织出底边。

b. 大双边起针法

把一活结挂在左棒针上，从第一个结扣中织下针出第二针，挂于左针上，从第三针起，每针从前两针间进针织下或上针，按织物针法起 1 针挂 1 针的方法起针。

第二节 绒线编织物尺寸、针数的计算

要使绒线服装编织得合体，就要了解编织物针数的计算方法。

一、手工编织服饰物“打小样”

取单位面积织物，通常 10cm 见方织物“打小样”，数出行数和针数。如果是复杂的

花样图案，选好一组花型，同时决定了使用绒线的粗、细和相应的棒针，先起1组或2组花型的针数，编织1组或2组长的完整花型，然后量一下，横向每1cm是几针，纵向每1cm是几行，或一个完整的花型需要编织几行几针，再推算出所要编织物品针数和行数。以下面的花样为例，一个花型是14针、16行。但是，只计算一个花型容易产生误差，经常是计算几个花型，下面的花样横向量两个花样，长为9.5cm，纵向量两个花样，长为9cm，这样就可用下列方法计算，如图4-5所示。

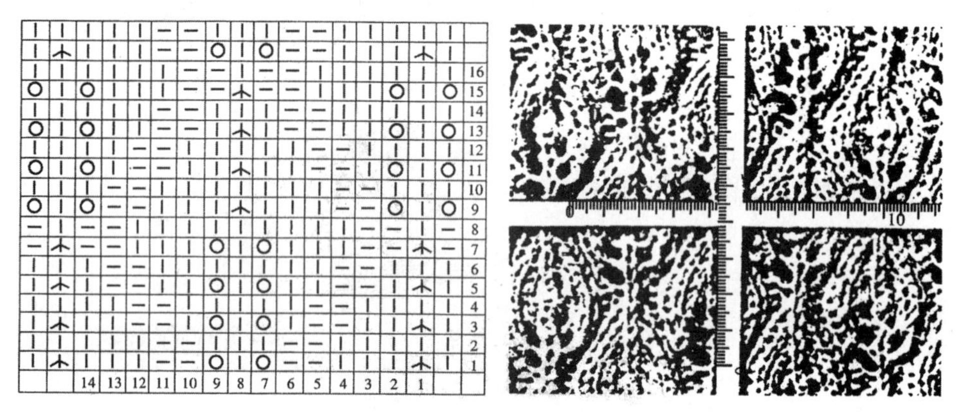

图4-5　花样尺寸的计算

14针 ×2=28针（2个花样的针数）

28针：9.5cm =X针：10cm

$X=\frac{28\times 10}{9.5}$ =29.4（针），即横向10cm是29.4针

16行 ×2 =32行（2个花样的行数）

32行：9cm =Y行：10cm

$Y=\frac{32\times 10}{9}$ X =35.5（行），即纵向10cm是35.5行

这样得出这块织物的松紧尺寸标准为29.4针 ×35.5行 =10cm见方。

二、针数和行数的计算

由小样求得的松紧标准，可以计算出1cm的针数和行数，进一步计算各部位尺寸的针数和行数。

例：右图为粗毛线编织的下针织物，松紧标准为：20针 ×25行 =10cm见方，试求出这块织物的针数和行数。

1cm针数 × 横向尺寸 = 总针数

2针/cm×23cm=46针

1cm的行数 × 纵向尺寸 = 总行数

2.5行/cm×18cm=45行

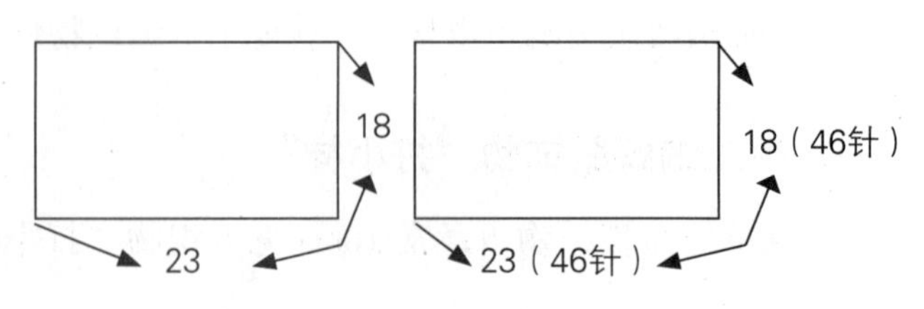

计算时出现小数要4舍5入。因此，以上计算得出的行数是45行。但考虑棒针编织时应尽可能是偶数行，所以定为46行。将计算得出的结果标注在图上，注意长度单位不标时都是厘米，针数和行数标注在括号中，便可计算出所需针数和行数。

手工编织，一般织平针细绒线每10cm宽约为30针，长约为40行。粗绒线每10cm宽约为23针，长约为28行。

第三节　基本编织符号、针法和表示法

一、棒针编织语言

棒针编织的各种针法都是以符号为技术语言表示、说明的，只要熟悉这些符号及其所表示的针法，就能按书中的符号图织出各种花样的织物。

二、棒针基本编织符号、表示法和针法

1. 下针

下针编织又叫“正针”编织，是最简单而又最重要的基本编织方法。编制时，左棒针上挂有织物，右手握棒针并带线进针（在左手内侧，线圈棒针的下方）、绕线带出，与此同时，将左棒针上的线圈退下，依次从右向左顺序编织即可，如图4-6所示。

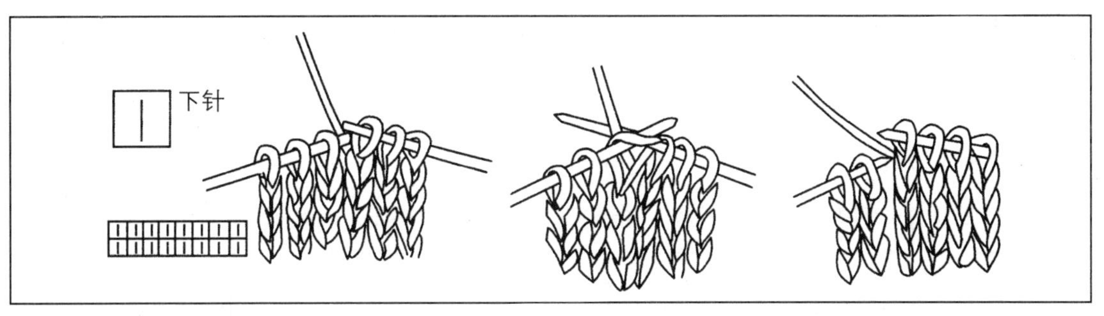

图4-6　下针

2. 上针

上针编织又称“反针”编织，同样是一种最基本的编织法。编织时与下针恰恰相反，将右棒针从右向左挑线圈内侧，在左棒针上侧进针绕线带出，并退掉左棒针上的线圈，从右向左编织即可，如图4-7所示。

下针和上针编织法都是棒针编织任何织物所必需使用的编织方法。普通的编织，不用下针编织法即用上针编织法。所以这两种针法是最重要的基本针法。并且其他所有针法和花样都基本是由它们演变出来的。

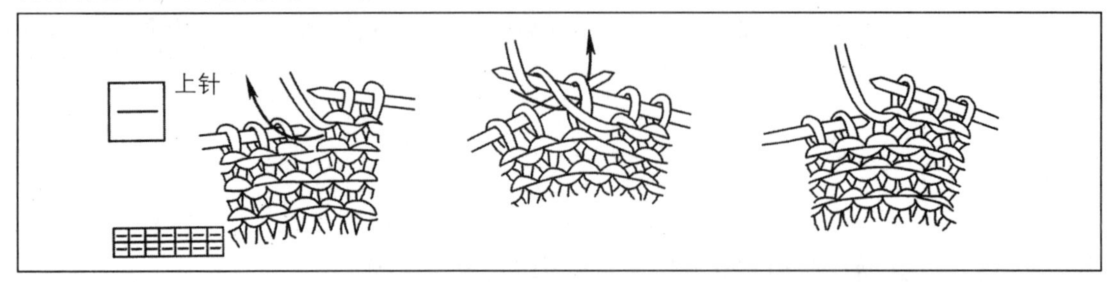

图4-7　上针

3. 空针

空针又分下针空针和上针空针。下针空针是将线顺时针绕在右棒针上，继续织下针。上针织空针是将线顺时针绕一周带出继续此操作，如图 4-8 所示。

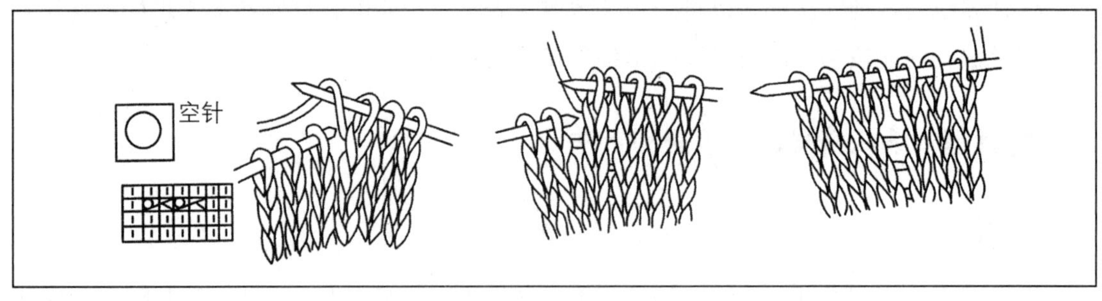

图4-8　空针

4. 2 针并 1 针

（1）右上 2 针并 1 针

右第一针不动，第二针织下针，再用右第一针套在第二针线圈上，并掉一针，如图 4-9 所示。

（2）左上 2 针并 1 针

左上 2 针并 1 针如图 4-10 所示。把第二针和第一针并在一起当 1 针织下针。

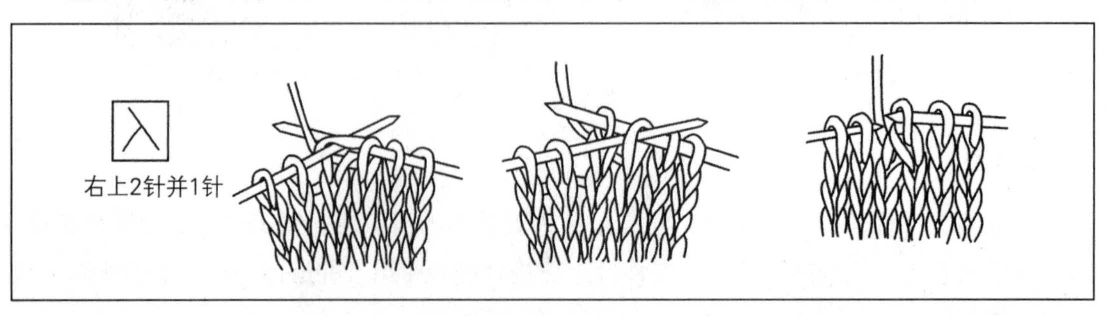

图4-9　右上2针并1针

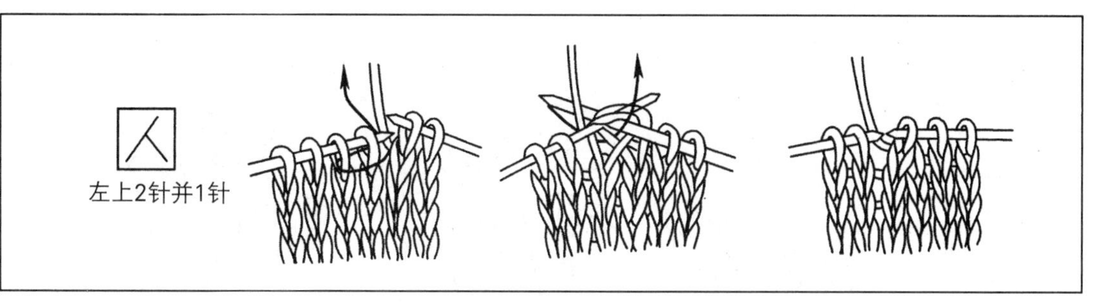

图4-10　左上2针并1针

5. 3 针并 1 针

包括中上 3 针并 1 针、左上 3 针并 1 针、右上 3 针并 1 针。

（1）中上 3 针并 1 针

先将要并针的 3 针都退下待用，把中间的一针排在右棒针上最前面，第一针在右棒针第二位置处，左针第三针在最后，用前两针套过最后一针（男鸡心领毛衣领口经常采用此法织出 V 字领尖来），如图 4-11 所示。

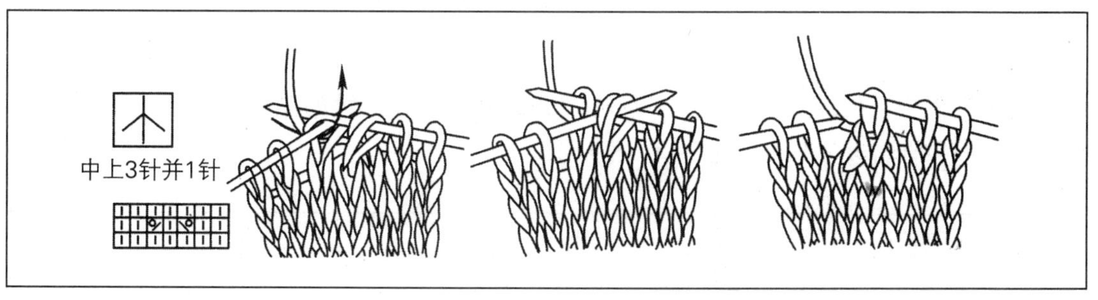

图4-11　中上3针并1针

（2）左上 3 针并 1 针

当编织到左上 3 针并 1 针位置时，应从右数第三针向右进针，把三针下针一起当 1 针并织成一针下针，如图 4-12 所示。

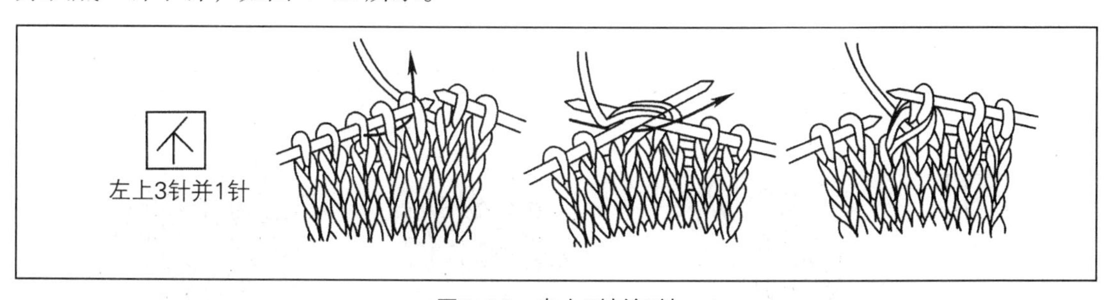

图4-12　左上3针并1针

（3）右上 3 针并 1 针

将右棒针从右侧将第 1 针、第 2 针、第 3 针当成 1 针一起织下针，形成针形便是右上

3 针并 1 针，如图 4-13 所示。

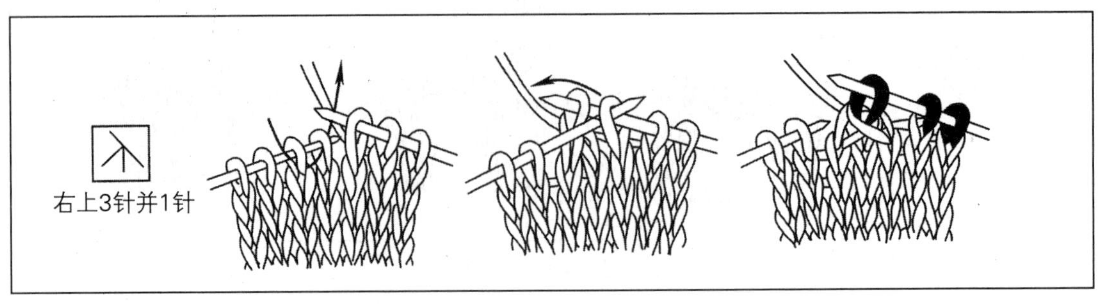

图4-13　右上3针并1针

6. 加针

包括右加针（图 4-14）和左加针（图 4-15）。

（1）右加针

编织过程中某处需加针时，应在此针的右下角（下一行线套）挑出一线套编织，此种操作多出的一针就是右加针，如图 4-14 所示。

（2）左加针

编织过程中某处需左侧加针时，应先织完此针，再在此针的左下角挑出一线圈编织，此处多出的一针就是左加针，如图 4-15 所示。

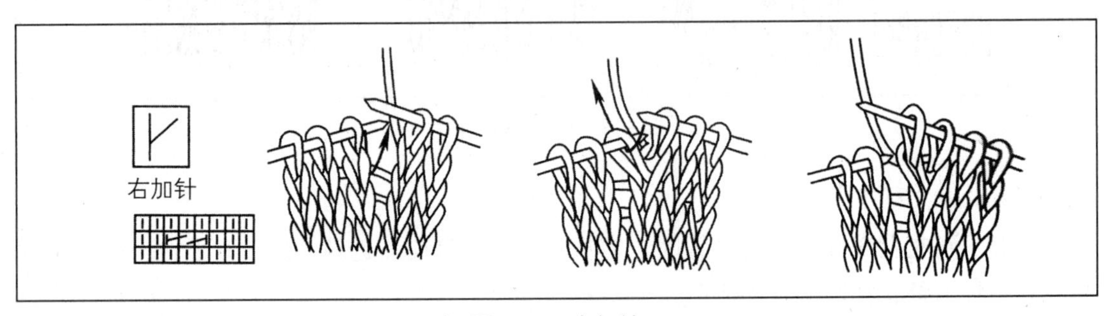

图4-14　右加针

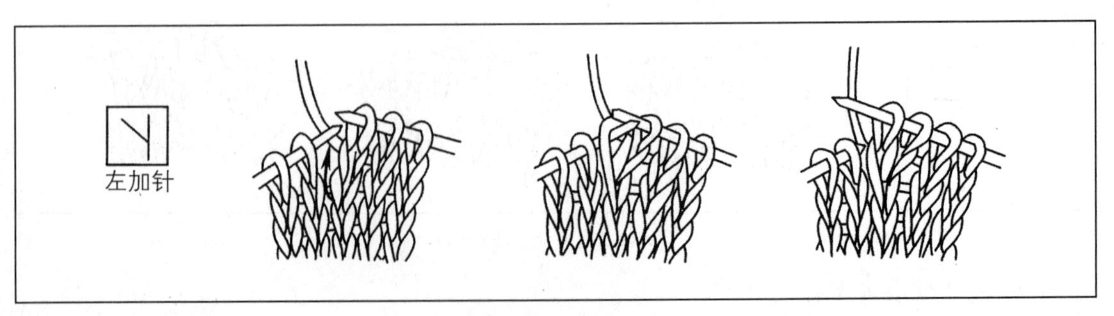

图4-15　左加针

7. 1针放3针

方法同在1针中织出数针方法。在左棒针上的1针内，先织出1针，左针线圈不退下，顺时针往右针上绕上第2针线圈，同样再织出1针为第3针。这样1针中加出3针来，如图4-16所示。

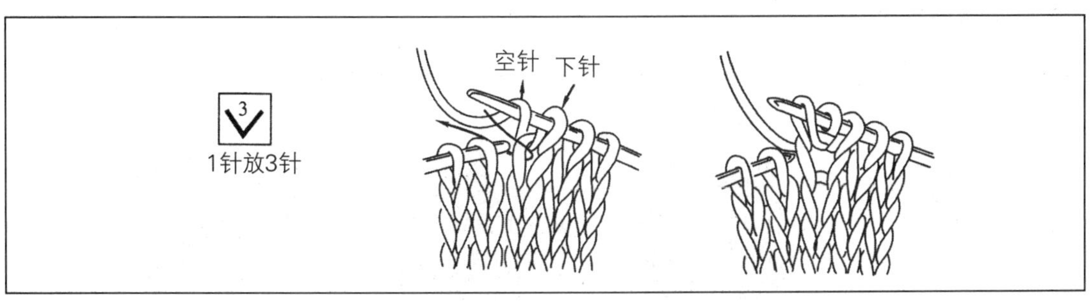

图4-16　1针放3针

8. 交叉针

交叉针种类很多，包括两针交叉针、多针交叉针、变形交叉针等。

两针右上交叉针如图4-17所示；两针左上交叉针如图4-18所示；左上两针变形交叉针，如图4-19所示；右上两针变形交叉针，如图2-20所示。多针相交叉，方法相同，把要交叉的多针都退掉颠倒按照符号那针上那针下的顺序，重新穿在左棒针上依次编织（或使用绞花编织针同按照符号顺序编织即可）。

（1）2针右上交叉针

两针交叉时，退下两针线圈，交换两针位置（右针在上，左针在下），先织左针，后织右针，即完成2针右上交叉针，如图4-17所示。

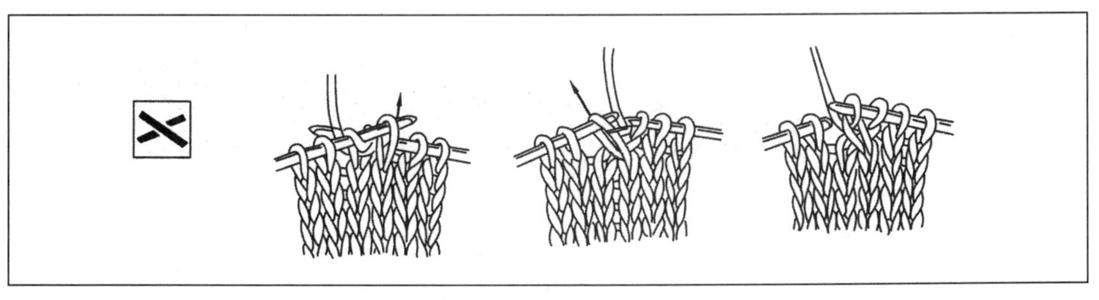

图4-17　2针右上交叉针

（2）2针左上交叉针

两针交叉时，先织左针，后织右针，再退下两线圈，完成2针左上交叉针，如图4-18所示。

（3）针左上变形交叉针

两针变形交叉时，在左棒针上将第二针线圈套过第一针线圈后，先织第二针，再织第一针，如此就完成左上 2 针变形交叉针，如图 4-19 所示。

（4）2 针右上变形交叉针

两针交叉时，先用右侧棒针把左侧第二个线圈从第一个线圈内挑出，织下针，然后再将第一个线圈织下针，如图 4-20 所示。

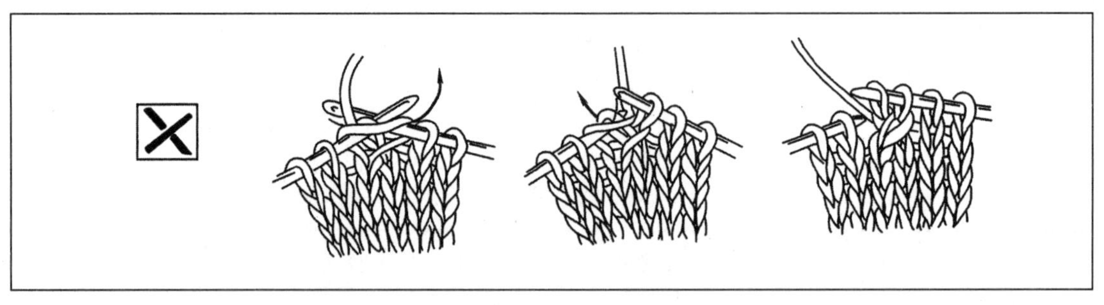

图4-18　2针左上交叉针

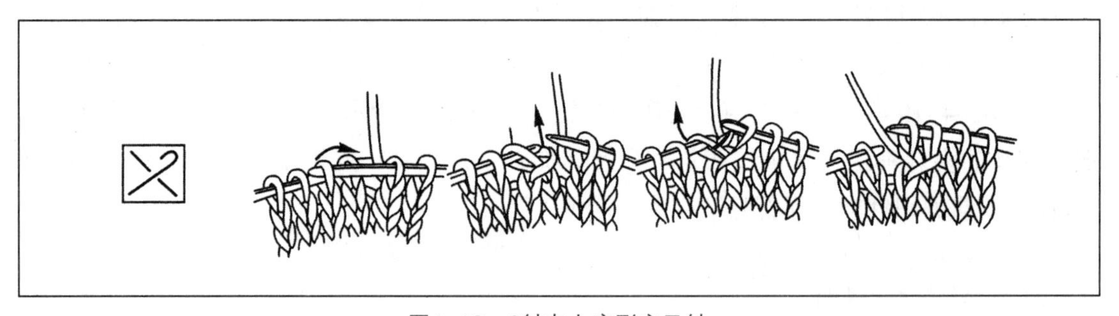

图4-19　2针左上变形交叉针

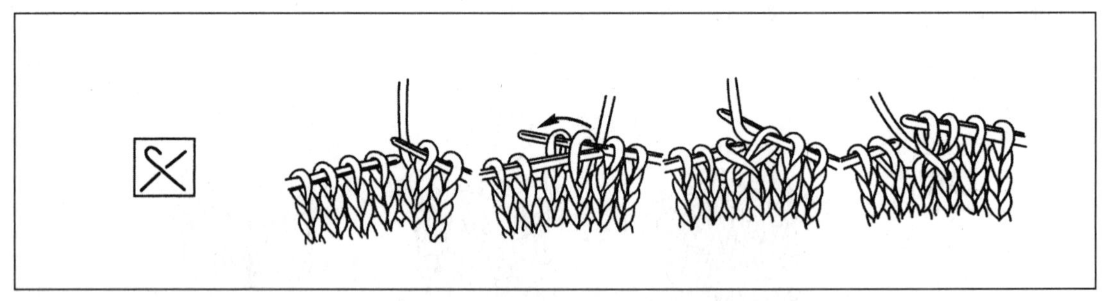

图4-20　2针右上变形交叉针

9. 滑针

在织物正面，将需织滑针的一针下针线圈带下不织，线在反面滑过，织下一针下针；如在织物反面织滑针，就将滑针线圈移至右棒针上（线在反针面滑过），织下一针反针。以上两种方法，在织物的正反面均可织出滑针，如图 4-21 所示。

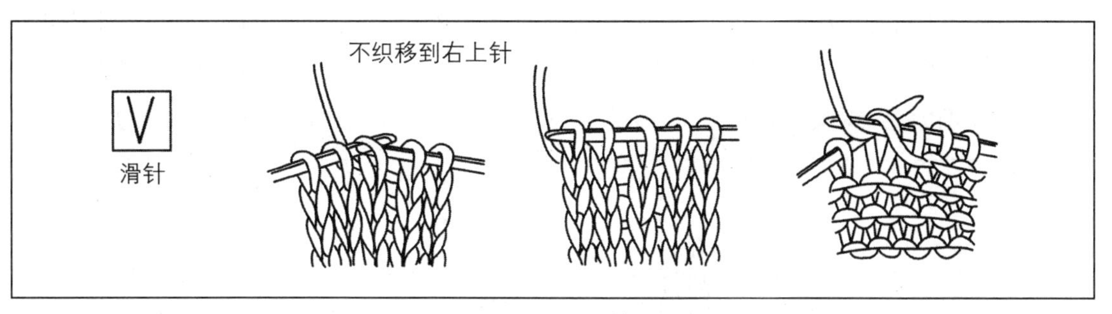

图4-21　滑针

10. 浮针

有织物正、反面两种浮针织法。织物正面浮针，是在织物正面织完浮针前一针后，下一针正针不织，在正面过线而织下一针正针。如在织物反面遇到浮针，也是不织此针带到右棒针上，让线从织物正面浮过，再编织下一针反针，如图 4-22 所示。

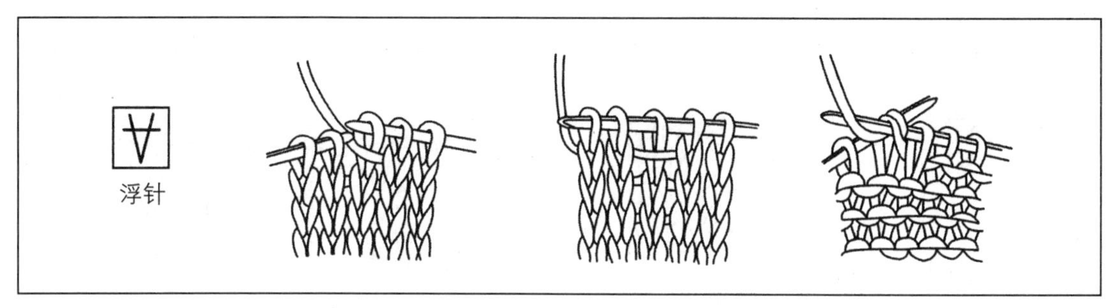

图4-22　浮针

11. 延伸针

先按照图所示看延伸针在图中所越过的行数，如图 4-23 所示，图中延伸针越过三行。织完第一行的延伸针时，不织此针用右针带下此线圈并往上再挂一线圈。在编织第二行延伸此针时，同样不织此针按原样以右针带下并再上挂线圈。编织第三行时，将带下线圈与挂上线圈的延伸针当成一针织,（正针面）正针或反针（反针面）如此操作,如图 4-23 所示。

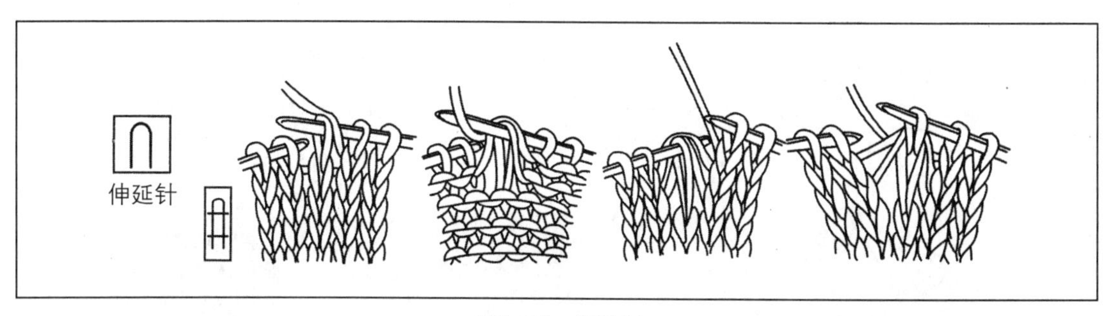

图4-23　延伸针

12. 扭针

如图 4-24 所示，扭针的下针、上针与普通的下针、上针织法相似只是进针挑线位置不同，通常的下针和上针是编织时，挑针的位置在线圈的内侧挑线编织；而纽针的下针与上针是编织时挑线圈的外侧线织，这样编织出的下、上针外观似扭个劲，并且织成的织物比普通下、上针织物平整（可以做编织服装的袖头、腰头、领口等处），其缺点是比普通下针、上针缺少弹力。

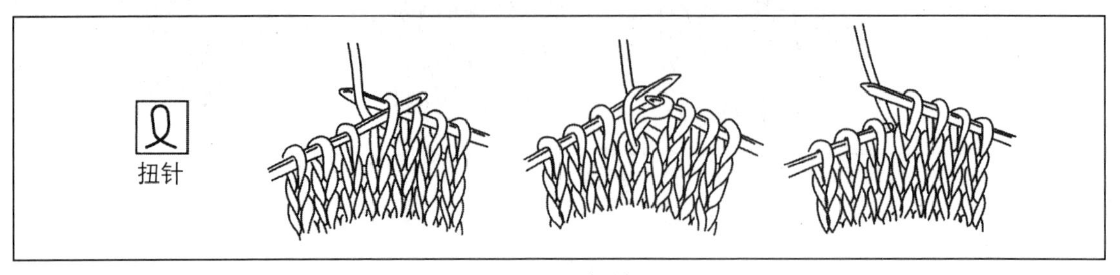

图4-24　扭针

13. 卷针

如图 4-25 所示，编织到卷针位时，在右棒针上套加一卷针线圈后织下一针。下一行此线圈处，正常织下、上针。

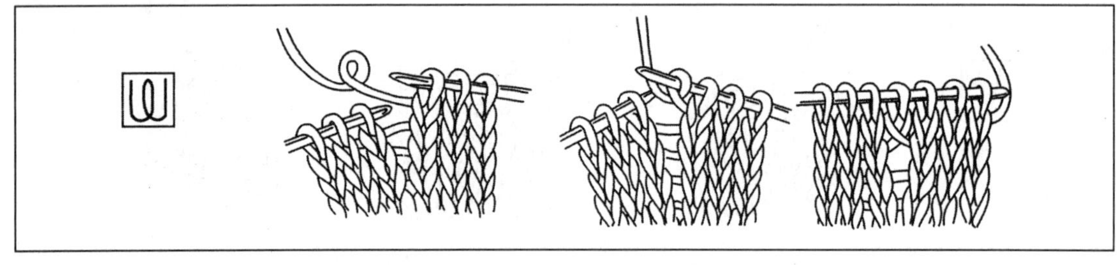

图4-25　卷针

14. 枣针（5 针中上枣针）

在织片中，在要编织枣针的位置织 1 针放 5 针，来回编织这 5 针织 3 行（正面织下针，反面织上针）至第四行时将这 5 针织中上 5 针并 1 针。由 1 针放针成 5 针后反复织 3 行后再并成 1 针，因此，在平面织片上编织出一个疙瘩状枣针结，如图 4-26 所示。

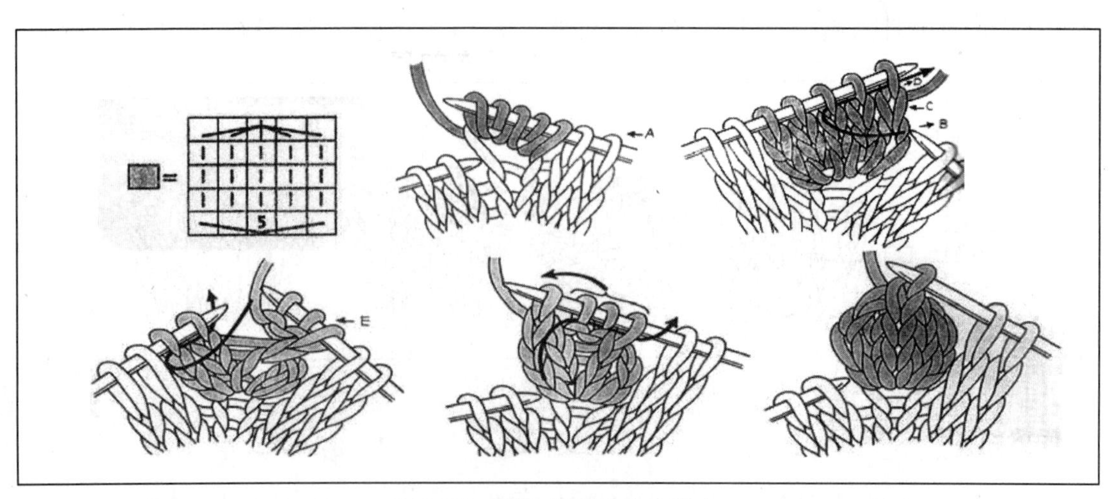

图4-26　枣针（5针中上枣针）

第四节　加、减针法计算及标注法

手工编织时量出衣物宽的地方需要多少针、窄的地方需要多少针以及宽窄之间的距离几行，就可以算出编织多少行加几针或减几针。

编织衣片型织物结构线时的加、减针分为斜线的加、减针和曲线的加、减针。

一、斜线形结构线加、减针计算法与标注法

棒针编织衣片结构线中的斜线有如下两种形式，纵向斜线和横向斜线。

纵向斜线主要在腋下、袖下、侧缝等部位，从结构斜线的情况来看，行数比针数多，这样的斜线是通过加减针方法编织形成的。横向斜线主要在肩斜线上，与纵向斜线恰恰相反，针数比行数多，编织横向斜线时要用引退针法。

计算斜线减针几行或几针时要画出以斜线为斜边的三角形，如图 4-27 所示。

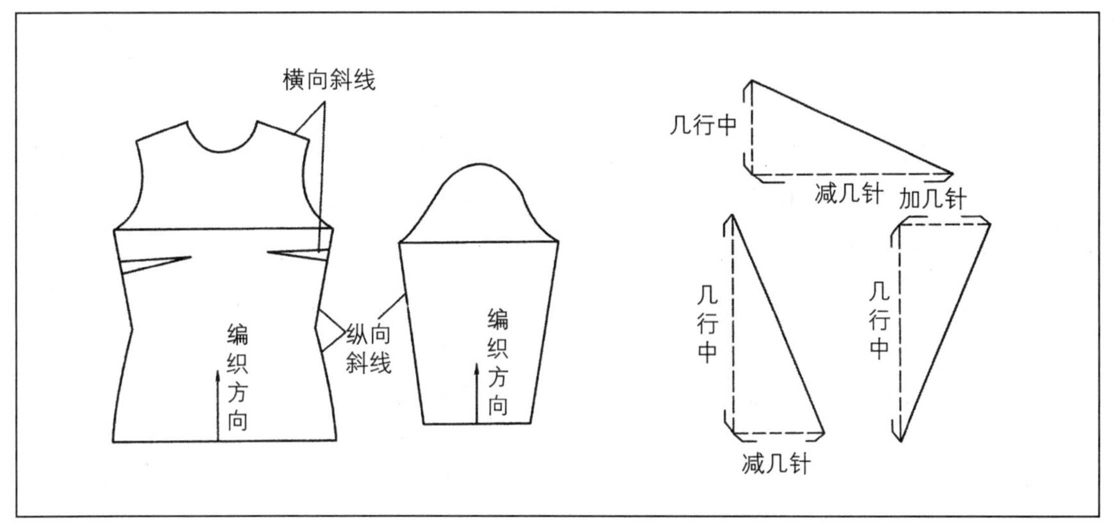

图4-27　计算斜线减几行或减几针

1. 在相同行数中减针有三种方法

在进行斜线计算之前，要先从技术方面进行考虑。在实际编织时，有的地方不能加减针，而有的地方宜加减针，要先想好从什么地方开始加减针，到什么地方加减针，到什么地方编织结束，然后进行计算。根据直角边的形成情况，基本有三种形式。计算斜线时，除数不是加减针的针数，而是间隔数。这就需要根据两直角边的情况，通过加减针数求得间隔数，如图 4-28 所示。

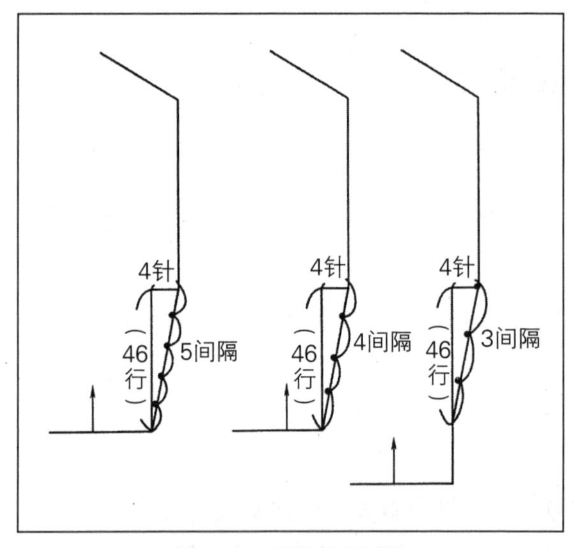

图4-28　除数是间隔数

（1）斜线的间隔数等于加针数加 1

因为从斜线的下边开始编织，所以最下边不能加针。斜线上边是袖弯曲线开始部分，也不能加针。这时，间隔数应比针数多 1。

（2）斜线的间隔数等于加针数

斜线的最下边不能加针，但因为最上边与直线相连，所以可以加针，这时，间隔数等于加针数。

（3）斜线间隔数等于加针数减 1

这一例子中斜线的下边和上边都与直线相连，因此，上下都可以加针，间隔数比加针数少 1。

（4）除式

间隔数确定后就可以列除式。

a. 46 行 ÷ 5（间隔数）=9 行余 1

每 9 行加 1 次针，最后余下 1 行加在 1 个 9 行中，凑成 10 行。进行这种计算时不能出现小数。将上面的内容用下面的形式表示，每 9 行加 1 针共操作 4 次，最后一个间隔编织时不加减针。

b. 46 行 ÷ 4（间隔数）=11 行余 2

46 行用 4 除得 11 余 2，将余下的 2 分在两个 11 行中，所以 11 行是 2 次，12 行也是 2 次。编织时是每 11 行加 1 针加 2 次，然后每 12 行加 1 针加 2 次。

c. 46 行 ÷ 3（间隔数）=15 余 1

编织时加 1 针，然后每 15 行加 1 针，加 2 次，再织 16 行加 1 针。

减针的计算方法与加针法相同。

下面是横向斜线的例子。横向斜线间隔数的确定也是上面介绍的 3 种情况。只是横向斜线中针数比行数多，将原除式中被除数的行数改为针数，写成针数 ÷ 间隔数，求出每行织几针引退针。

2. 斜线形结构线加、减针的标注法

但实际上，棒针编织每 2 行织 1 次引退针的情况较多，所以一般先用 2 去除行数，然后再求间隔数。以图 4-28 为例：

8 ÷ 2=4　2 行－ 4 针－ 4 次→ 2 行－ 4 针－ 4 次

20 ÷（4+1）=4

（　　）中的针数为停下不织的针数，如图 4-29 所示。

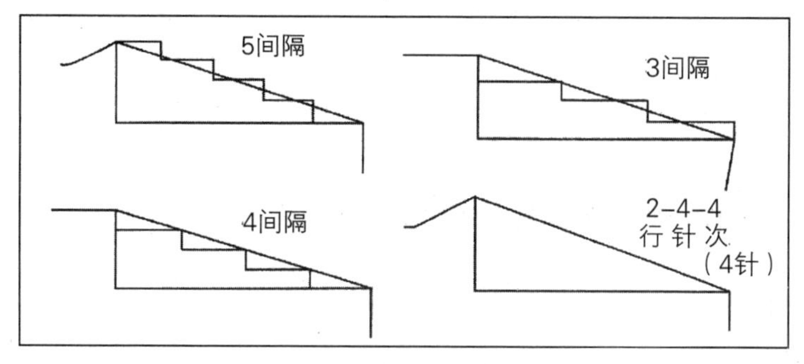

图4-29　减针的计算方法

二、曲线形结构线的加、减针法及标注法

织物的曲线形结构线不论如何弯曲，都可以看成是若干小斜线的组合，针织服装结构线中曲线部分如上衣片的领口、袖窿、袖山弧线等处，如图 4-30 所示。

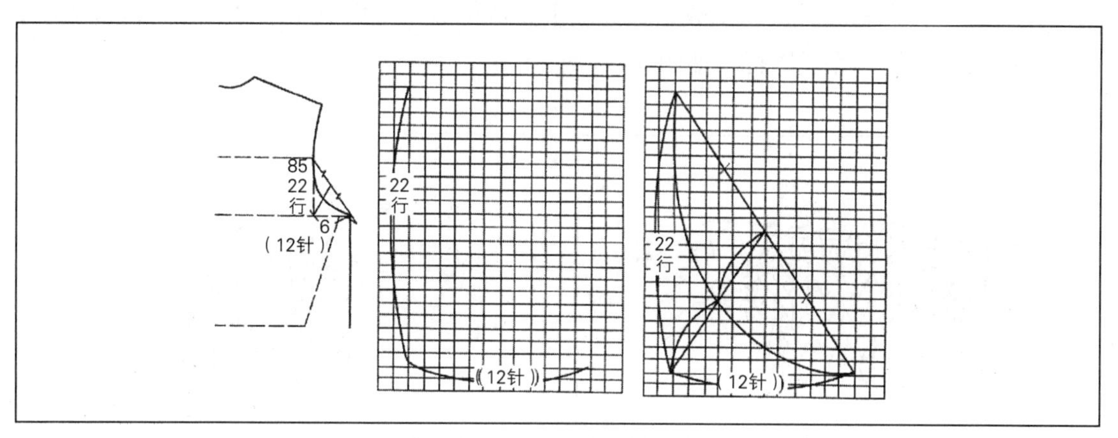

图4-30　袖窿减针示意图

袖窿的减针方法及标注方法如图 4-31 所示。

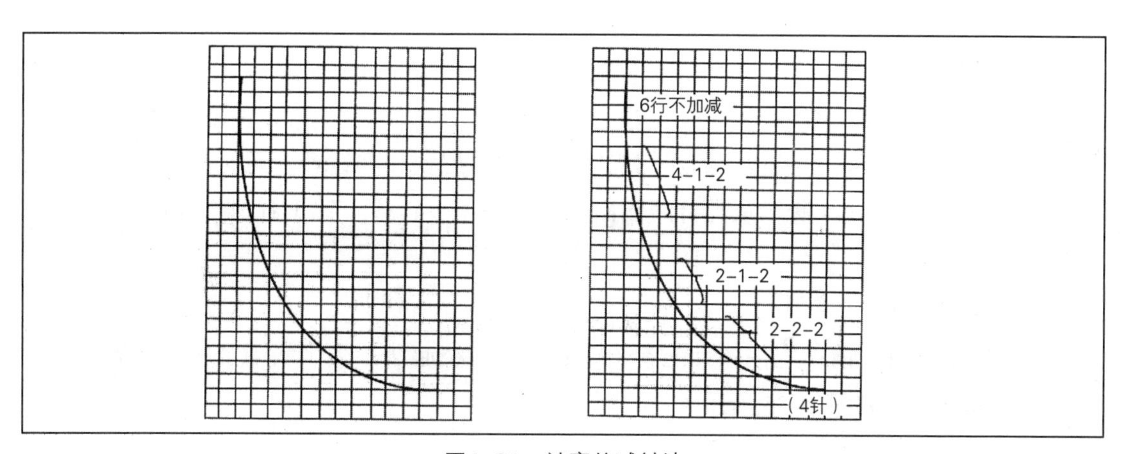

图4-31　袖窿的减针法

第五节　加、减针法及引退针法

一、加针法

加针的方法有多种，如在织物旁边加针法、在织物内侧加针法、分散加针法。

1. 边缘加 1 针

（1）*右边缘加 1 针*

在编织完右边缘的第一针时，在第二针位置右下角挑出一线圈后织下针为第二针，再织原第二针（现在成为第三针），如图 4–32 所示。

（2）*左边缘加 1 针*

差一针本行织完成时，在倒数第二针左下角或倒数第一针右下角处挑出一线圈编织，后再编织最后一针，完成本行，如图 4–33 所示。

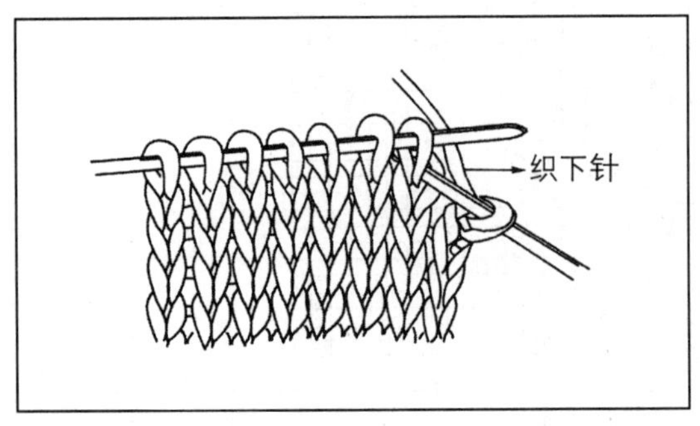

图4–32　右边缘加1针

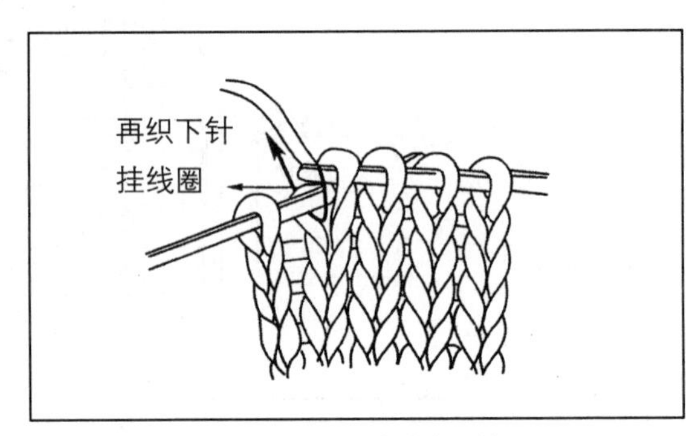

图4–33　左边缘加1针

2. 边缘加多针

（1）*卷针法左侧加多针*

在要加多针的行上，织物织到左侧织完一行留出尾线加卷针若干至所需针数。加针完成后，下一行如图 4–34 所示从卷针线圈内侧进针编织下针或上针（看织物的正或反面）。

（2）*卷针法右侧加多针*

在编织下一行之前，先往棒针上卷（如右手食指绕起法）多个线圈至所需针数，然后再编织完成此行，如图 4–35 所示。

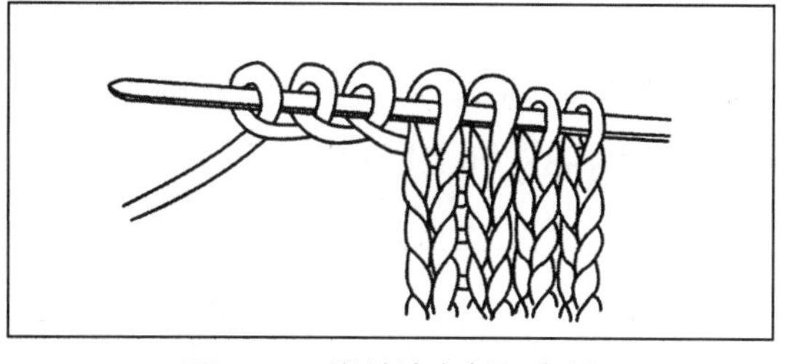

图4-34　卷针法左侧加多针

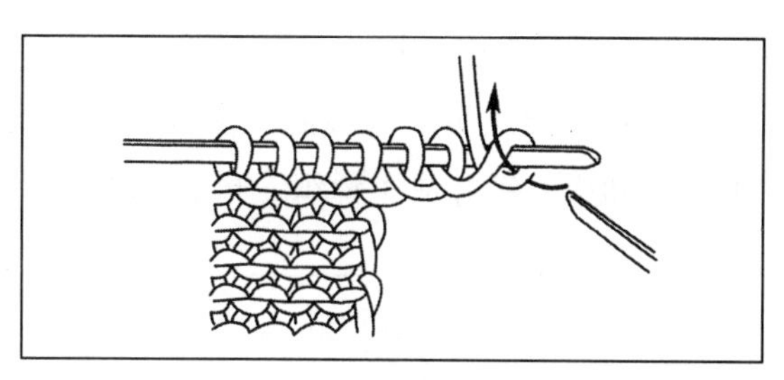

图4-35　卷针法右侧加多针

（3）运用棒针右侧加多针

编织新一行时，在织物的右侧前两针之间进针，编织出一针并将线圈挂在左棒针上，再从排在前面两针之间进针，把每次编织出的新一针线圈挂在左棒针上至所需加针的针数。

（4）用钩针锁针法加针

以钩针用其他线钩编锁针至所需的加针数，将其每针凸结与织物最后一针连接依次编织（第一行编织完成的情形，这条锁针编织加针完成后是要解扣拆掉的）。

（5）钩针加针法

用于衣服袖筒的袖下部位、横线编织毛衣等的加针。用编织线加针，因此左右会各偏移 1 行，如图 4–36 所示。将线绕到棒针后面时正面以钩针钩锁带出线圈并挂于左棒针上，要注意锁针不要过松。

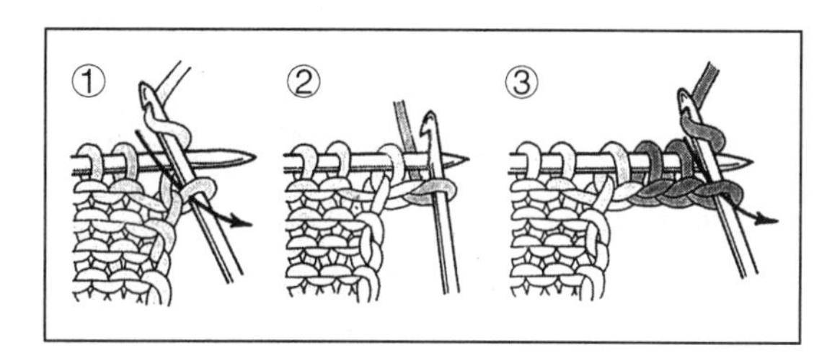

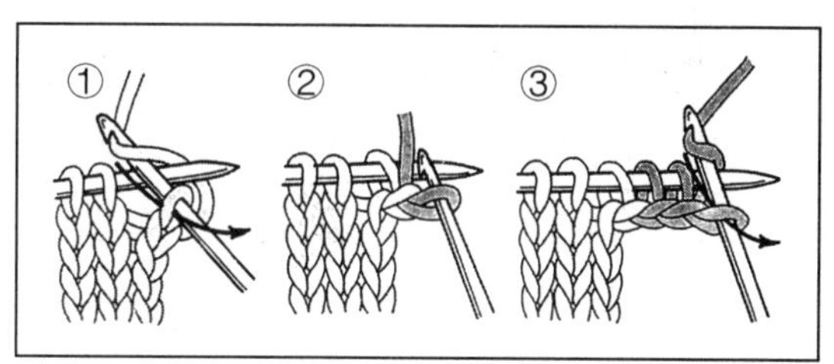

图4-36　钩针加针法

二、减针法

编织肘、袖窿、领窝和袖山等处时，都要用减针法编织。

减针的方法也很多，如在织物旁边减一针、在织物内侧均匀减针、在织物边缘减多针。

1. 边缘减 1 针

（1）左边缘减 1 针

差两针织完时，把最后两针并成 1 针，如图 4–37（a）所示。左边缘差 3 针织完时，把倒数第二针和第三针并成 1 针，再织最后 1 针，如图 4–37（b）所示。

（2）右边缘减 1 针

将第二针从第一针线圈中带出来，减掉 1 针，如图 4-38（a）所示。织完第 1 针后，把第二和第三针并成 1 针织，再继续织其后几针，如图 4-38（b）所示。

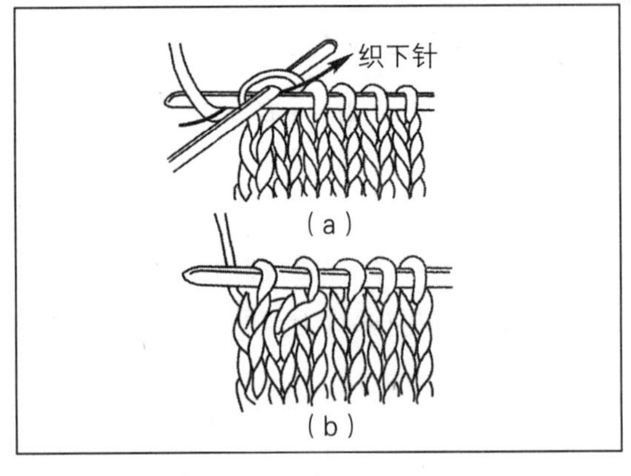

图4-37　左边缘减1针

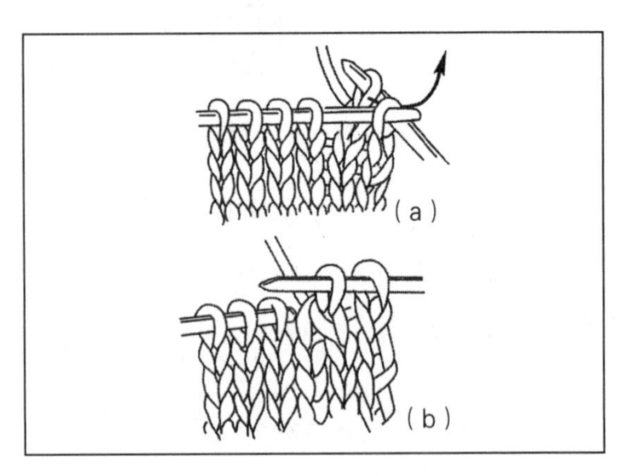

图4-38　右边缘减1针

2. 边缘减多针

（1）右侧减多针

第一针织滑针，第二针织下针。将第一针套在第二针上，收掉一针。第三针织下针，将第二针套在第三针上。第二次收针时，为使边缘光滑，最边缘的一针不织，拨过去织下一针，再将拨过去不织的前一针套在第二针上。这种减针法一般每两行减一次，如图 4-39 所示。

（2）左侧减多针

第一针织滑针，第二针织上针。将第一针套在第二针上，收掉一针。第三针织上针，将第二针套在第三针上。第二次收针时，为使边缘光滑，最边缘的一针不织，拨过去织下一针，再将拨过去不织的前一针套在第二针上，减针即完成，这种减针法一般每两行同一侧时减一次，如图 4-40 所示。

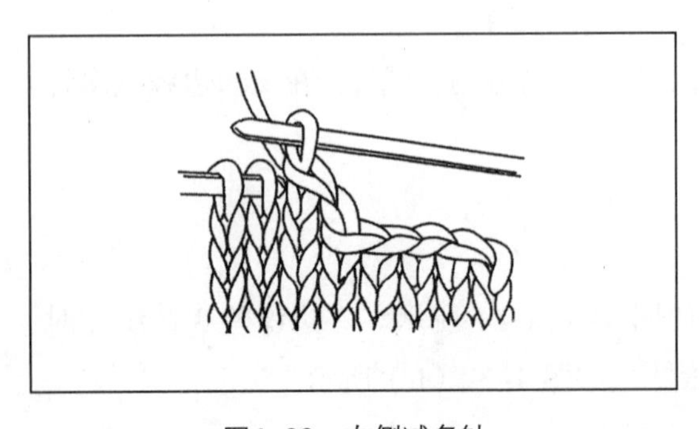
图4-39　右侧减多针

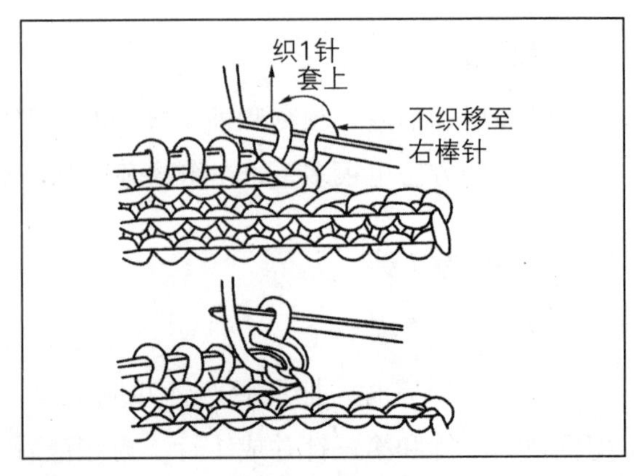

图4-40　左侧减多针

三、引退针

引退针是编织服装肩斜线、袖山、胸褶和裤腰等处使用的针法。

1. 编织进行中的引退针

（1）左侧编织进行中的引退针

向左侧逐渐加针的时候，用此种针法。起针织 2 行后开始织引退针，第 3 行只织引退针的五针。翻过来织第四针时，先织一空针，将左棒针上的第一针滑到右棒针上，然后编织其余几针。第 5 行先编织第一次的五针，将前 1 行挑的空针和相邻的左边一针并一针编织，包括这一针在内织五针。将织物翻过来织第六行。第 6 行与第 4 行相同，先织一空针，滑一针然后编织其余几针而完成左侧编织进行中的引退针操作，如图 4–41 所示。

（2）右侧编织进行中的引退针

向右侧逐渐加针的时候，从第二针开始织第一次的五针引退针。翻过来织第 3 行，先织一空针，将左棒针上的第一针滑到右棒针上，然后编织其余的几针。编织第四针时，把前 1 行的空针与左棒针上第一针交换位置后两针并成一针。包括该针在内，织出第二次引退针的五针。第五行开始与第 3 行相同，先织一空针，再滑一针，然后编织其余几针，如图 4–42 所示。

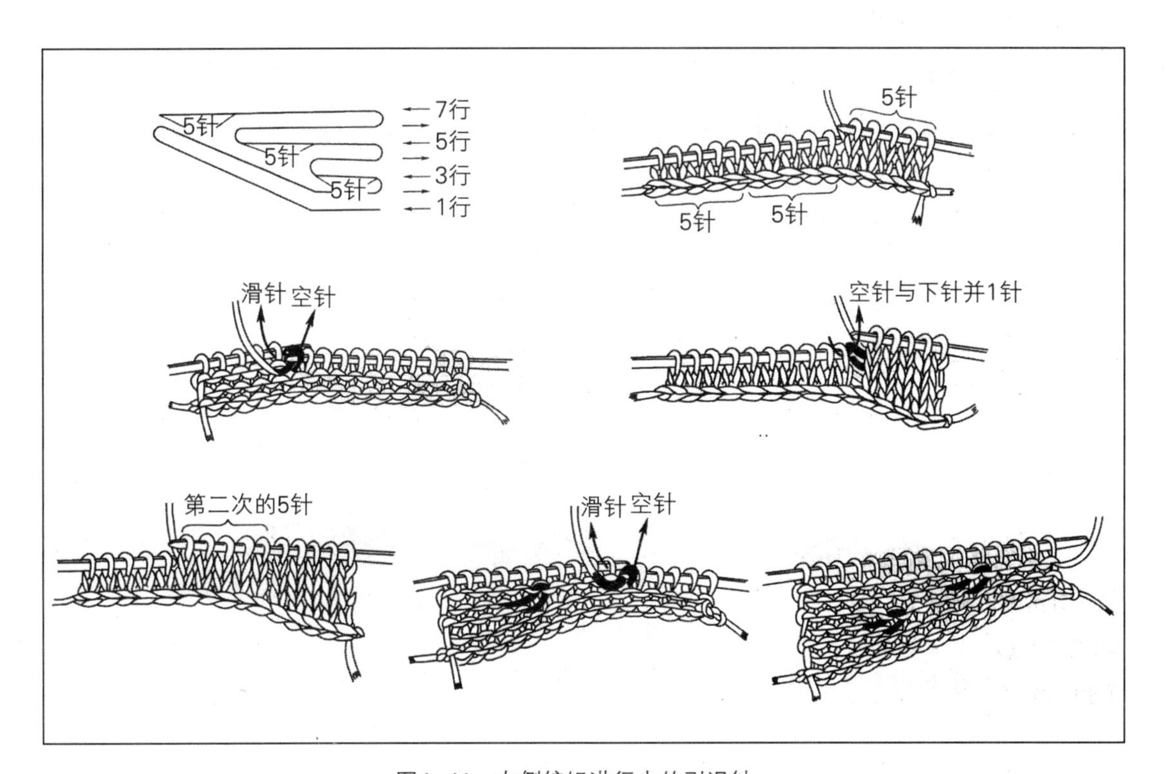

图4–41　左侧编织进行中的引退针

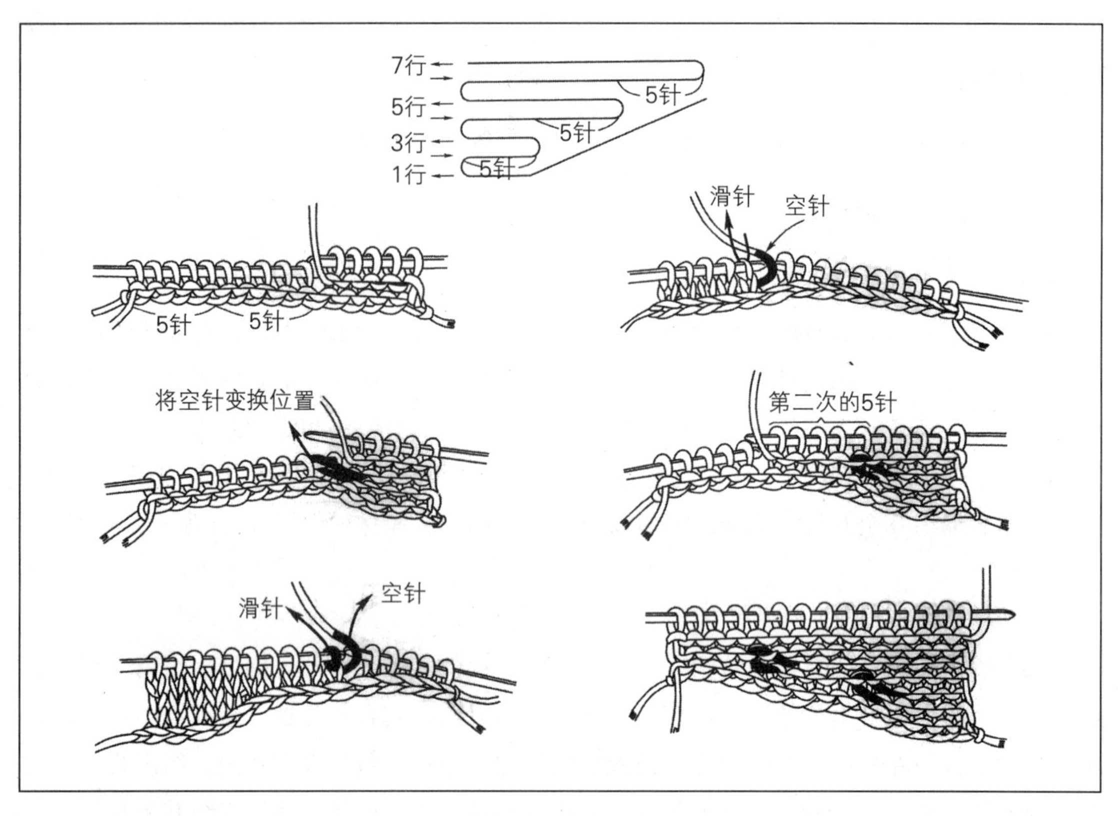

图4-41　左侧编织进行中的引退针

2. 编制完成的引退针

（1）左侧编织完成的引退针

如图 4-43（a）所示，在织物第 1 行减针时，左边四针停织，如图 4-43 中的（b）和（c）所示，编织第 2 行时将左棒针的第一针移至右棒针上；如图 4-43（d）所示，第 3 行留出第二次停织的四针；第 4 行如第 2 行、第 3 行一样，消除行差，引退针完成，如图 4-43（e）所示。

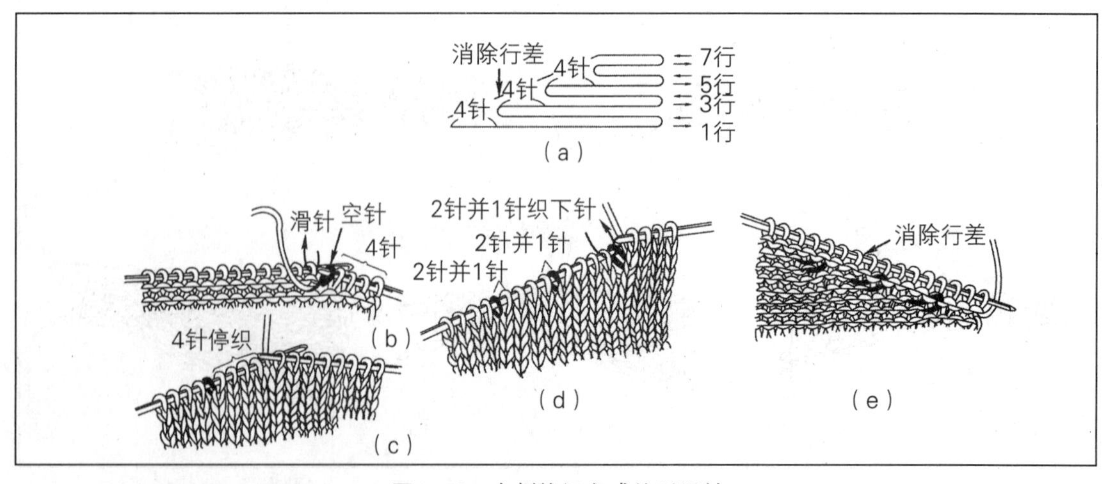

图4-43　左侧编织完成的引退针

（2）右侧编织完成的引退针

第 1 行末端四针停织。第 2 行将左棒针上的第一针不织而拨到右棒针上，开始编织下针。第 3 行末端四针停织。再重复第 2 和第 3 行的编织方法，直退至需要的针数，如图 4-44 所示，为消除行差，右侧编织完成的引退针。

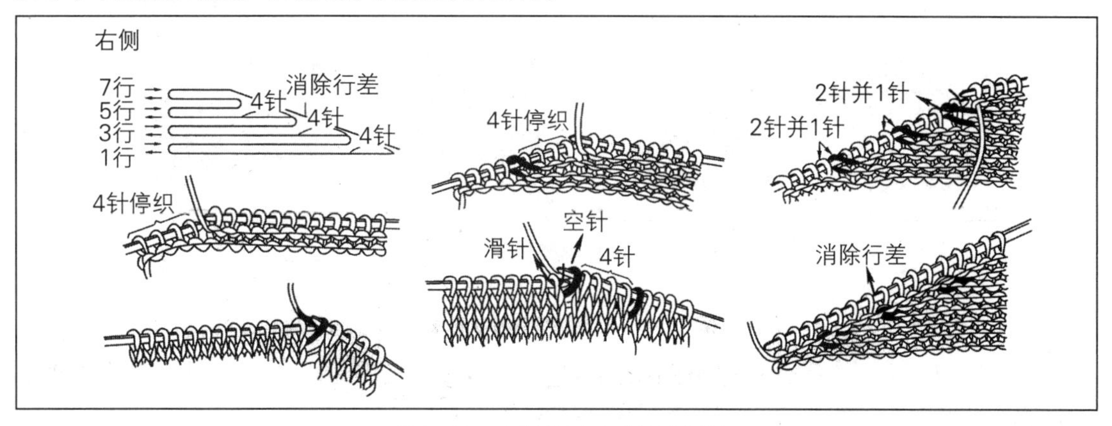

图4-44　右侧编织完成的引退针

第六节　收针法、缝合法、挑针法及图案编织方法

结束编织时的处理称收针。普通平针织物、松紧针织物和花样织物的收针方法各有不同，收针用的毛线长度约为收针尺寸的 3~4 倍，应预留剪断。

一、收针法

1. 钩针收针法

（1）下针织物用钩针收针法

如图 4-45 所示，钩针从下针正面进针，钩出线圈带出收掉一针，重复这样收针方法至收针完成所收针数，注意钩针拉线不宜过紧或过松，要适度。

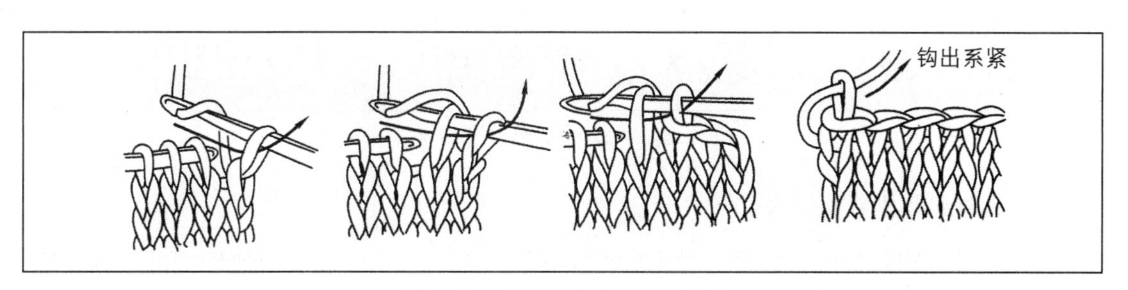

图4-45　下针织物用钩针收针法

（2）上针织物用钩针收针法

如图 4-46 所示，钩针从下针正面方向进针，挂线方向在上针那面，带出线圈，锁掉一针，重复这样收针至收针完成所收的针数。

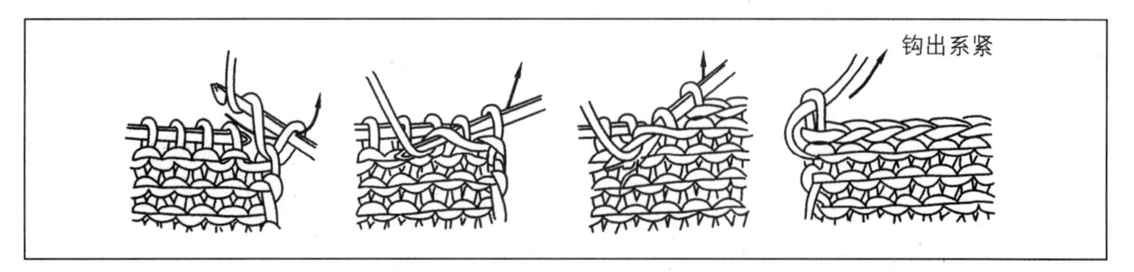

图4-46　上针织物用钩针收针法

（3）松紧罗纹织物用钩针收针法

如图 4-47 所示，不论遇到下针还是上针，钩针都从下针正面方向进针，带出线圈，钩针收针。

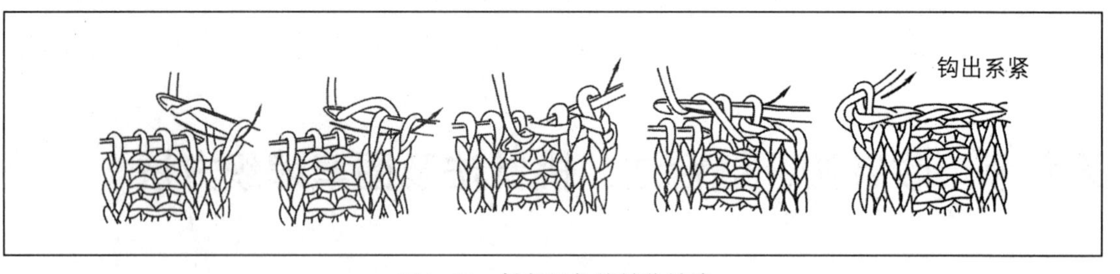

图4-47　松紧织物钩针收针法

2. 棒针收针法

（1）下针织物棒针收针法

下针织物棒针收针时，织完一针下针后，每织一针，把前一针套过刚织完的一针，锁掉一针。重复这样的操作，完成收针，如图 4-48 所示。

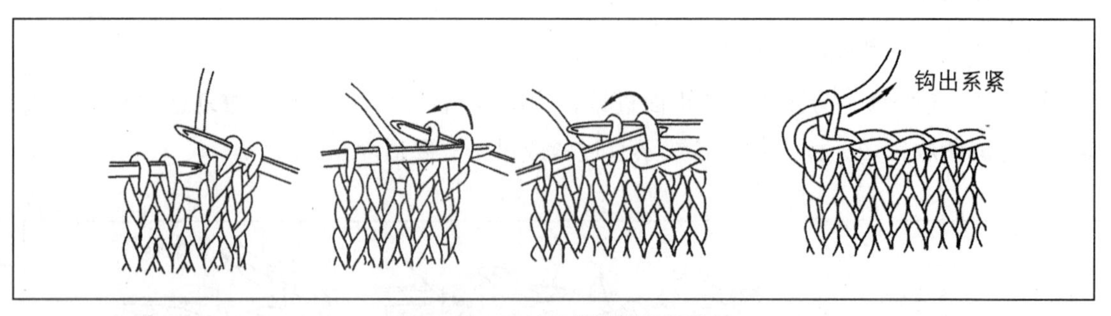

图4-48　下针织物棒针收针法

（2）上针织物棒针收针法

棒针上针织物收针时，织完一针上针后，每织一针，让前一针套过刚织完的一针，锁掉一针。重复这样的操作，完成收针，如图 4-49 所示。

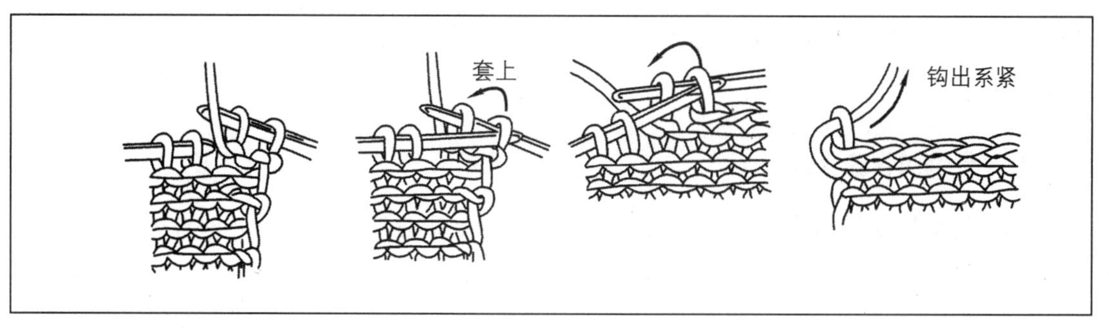

图4-49　上针织物棒针收针法

（3）单（双）罗纹松紧织物棒针收针法

单（双）罗纹松紧织物收针时，锁针行第一针右棒针遇下针织下针遇上针织上针，第二针同样遇下针织下针遇上针织上针后，将右棒针上第一针线圈套过第二针线圈，上下针转换绕线位时，绕线从右棒针后锁完线圈后面绕过。

3. 手缝针收针法

如图 4-50 所示，手缝针收针法分单螺纹和双罗纹两类。

在完成织物衣片编织后，各部件之间的缝合叫织物缝合。缝合工具有手针、棒针、钩针等几种。主要用于缝合肩部、袖窿等部位。

在编织领、袖口、前襟、底边等处时需要挑针，挑针前要先量出挑针部位的准确尺寸，从而计算出针数，然后再开始从织物上挑针收缝织物，如图 4-50 所示。

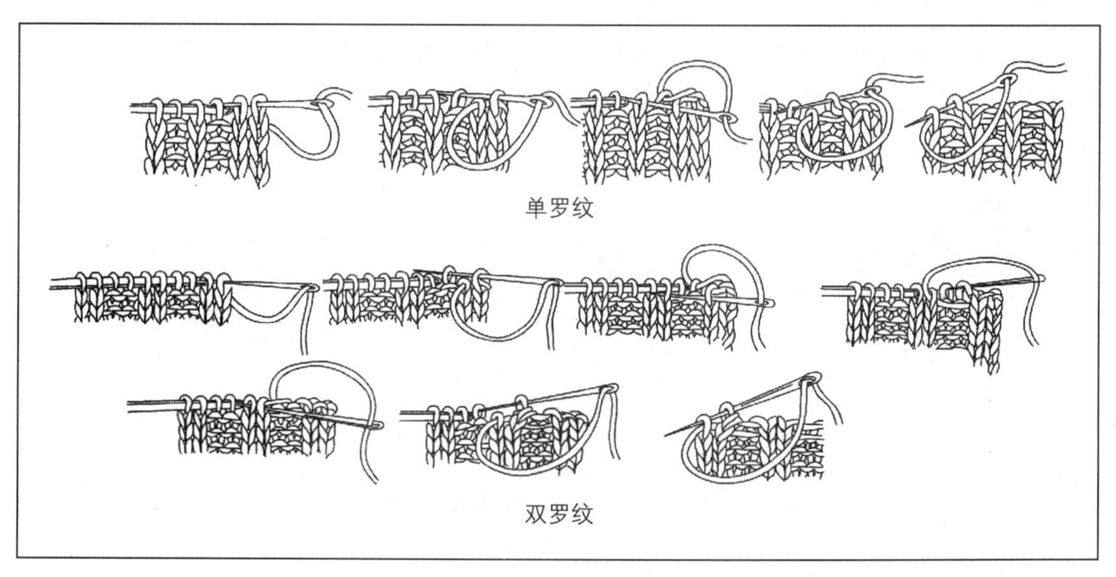

图4-50　手缝针收针法

二、缝合法

连接两片织物的线圈与线圈，我们称为“缝合”。从技法上又分为有伸缩性罗纹织物的缝合法、固定织物宽度的缝合法等。我们要根据缝合位置，选择适合织物的技法来缝合。

1. 平针编织物缝合法

针脚与平针编织物相同，可以通过缝线的长短来调节伸缩性。另外也有先将一片织物锁边后再缝合的方法。

（1）加 1 行平针缝合法

肩斜线、袜子指尖部位等，希望与织物拥有相同伸缩性时的缝合方法。按缝合尺寸的 3 倍预留缝线，针脚大小要与织物的线圈大小一致，如图 4–51 所示。

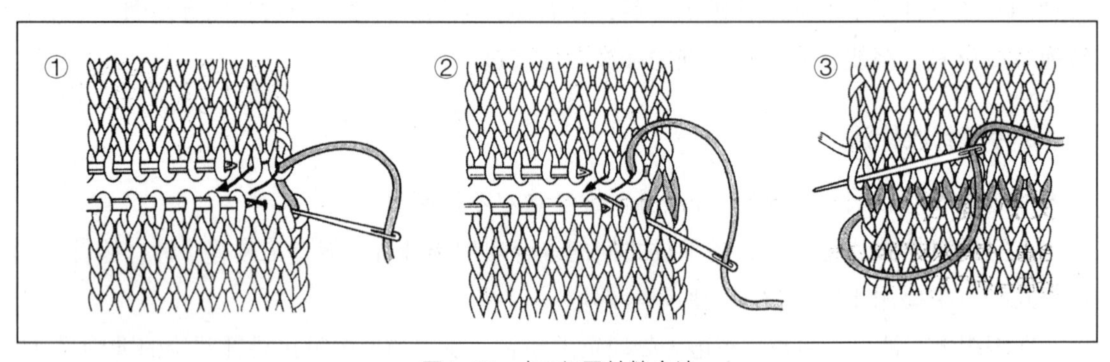

图4–51　加1行平针缝合法

（2）将缝合线拉紧缝合法

用于肩、横向织物的侧线等，希望织物尺寸固定的缝合方法，按缝合尺寸的 2.5 倍预留缝线，缝线要拉紧，不能从外表看出缝合痕迹，如图 4–52 所示。

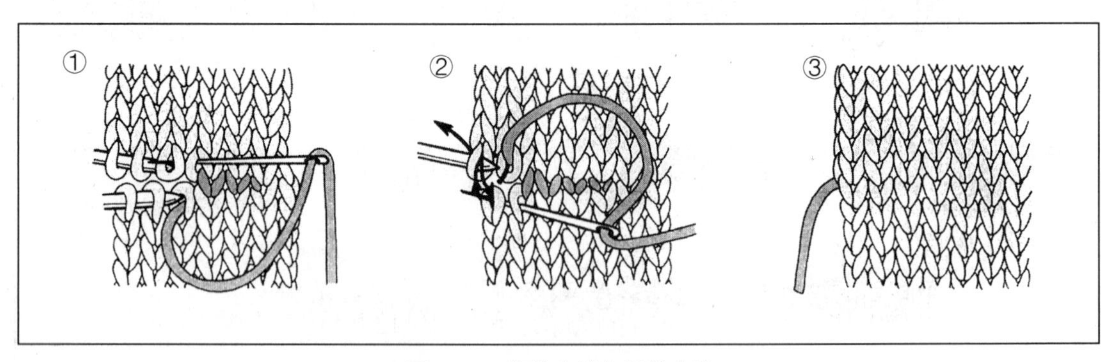

图4–52　将缝合线拉紧缝合法

（3）线圈与暗针锁边织物的缝合法

用于肩、横向织物的侧线等，适合织物尺寸固定、缝合针脚不明显的织物部位。按缝合尺寸的 3 倍预留缝合线，针脚大小要与织物的线圈大小一致，如图 4–53 所示。

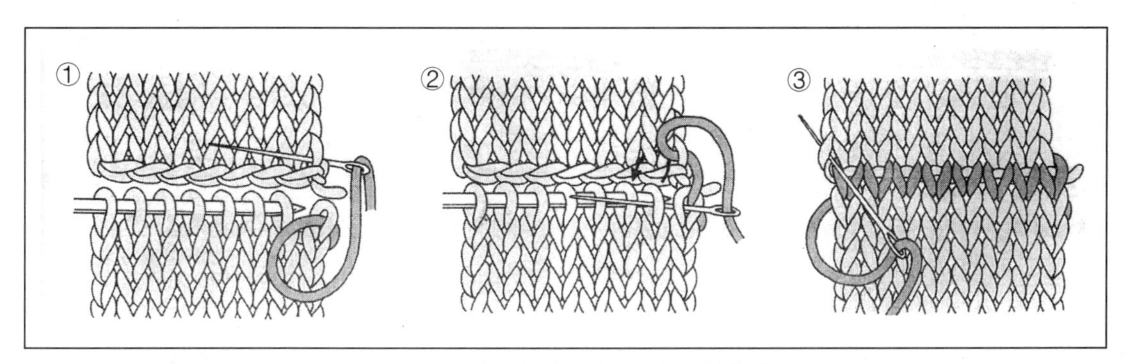

图4-53　线圈与暗针锁边织物的缝合法

（4）双反针缝合

用于肩、领等部位的双反针织物的缝合方法、是希望与织物具有相同伸缩性时的缝合，按缝合尺寸的 3.5~4 倍预留缝合线，针脚要与织物的线圈松紧一致。其中一片织物要少织 1 行，缝合后，针脚会出现双反针的一行凸起，如图 4-54 所示。

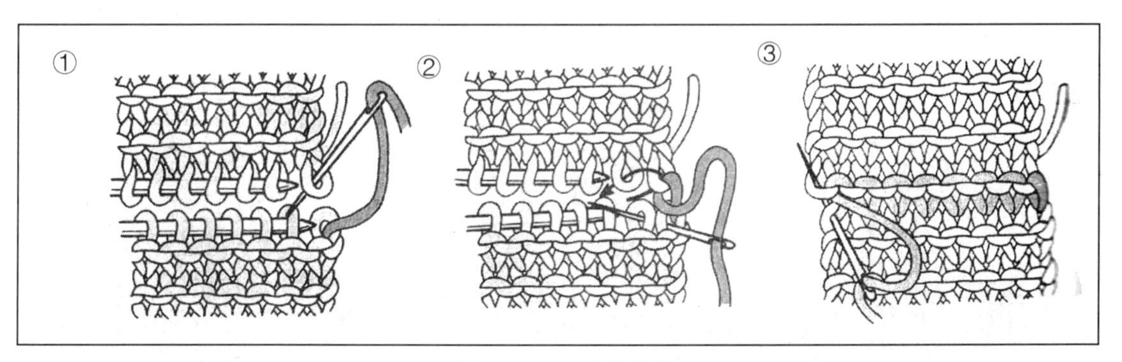

图4-54　双反针缝合

2. 罗纹织物缝合法

（1）单罗纹织物缝合法

缝合连接单罗纹织物的线圈与线圈，可根据缝合部位不同，用于前襟、领等部位的缝合，按缝合尺寸的 3.5~4 倍预留缝合线，正针与正针按照平针的正针与正针的缝合方法，而反针按照反针的平针缝合方法缝合，如图 4-55 所示。

（2）双罗纹织物缝合法

双罗纹织物常见于肩、领等有伸缩性部位的缝合方法，按缝合尺寸的 3.5~4 倍预留缝合线，正针按照平针缝合方法，反针按照反针的平针织物缝合法缝合，如图 4-56 所示。

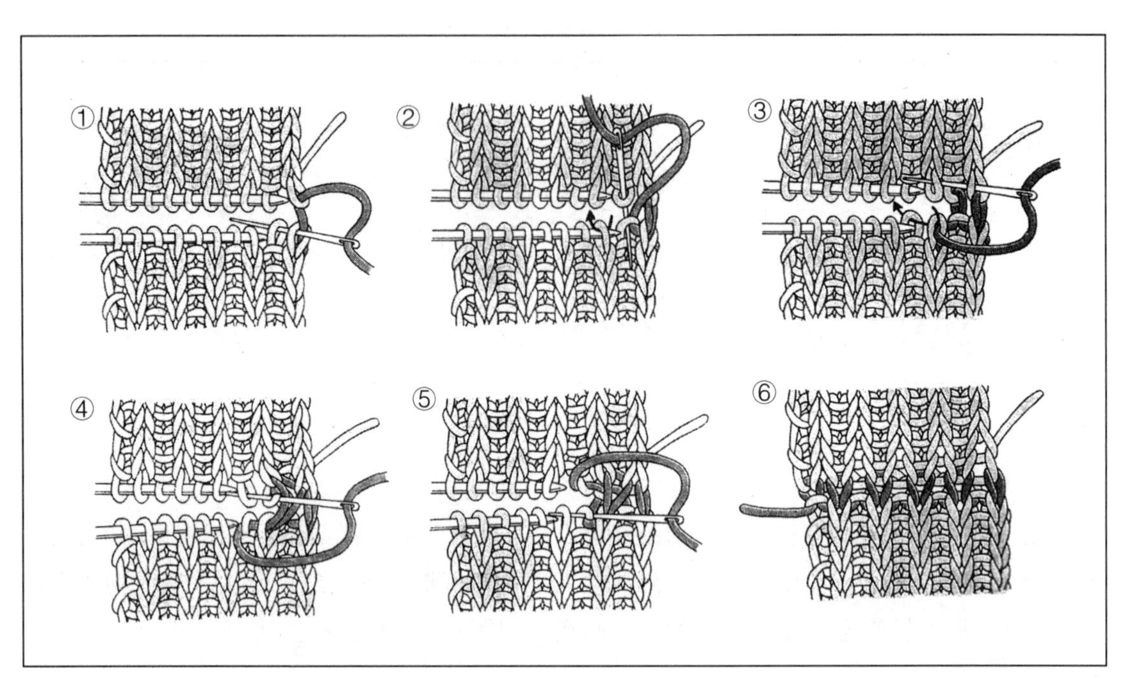

图4-55　单罗纹缝合法

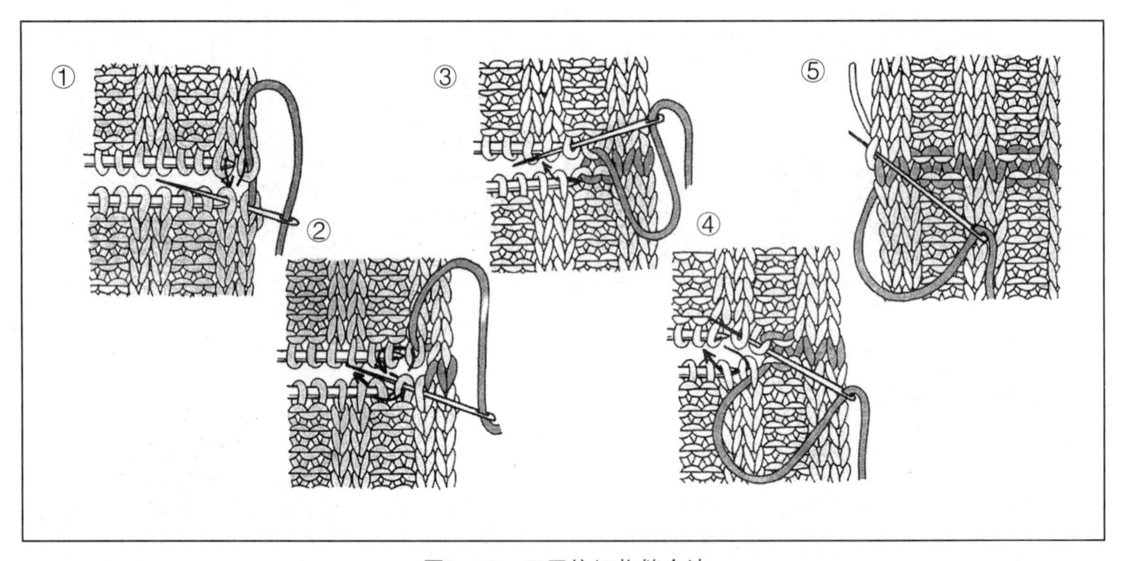

图4-56　双罗纹织物缝合法

三、挑针法

从编织好的织物中挑针，在棒针上做线圈的技法称为“挑针”，分为从起针处挑针、从织物侧面挑针、从织物斜线挑针、从织物曲线挑针、领口与前襟处的挑针等。

1. 从起针处挑针

从起针处向相反方向编织时的挑针方法，任何一种织物都可以用这种方法做出漂亮的挑针。

（1）从一般的起针处挑针

编织下摆、袖口等罗纹时使用的挑针方法，挑起织物的上弯线圈，特点是交界处整齐漂亮，如图 4-57 所示。

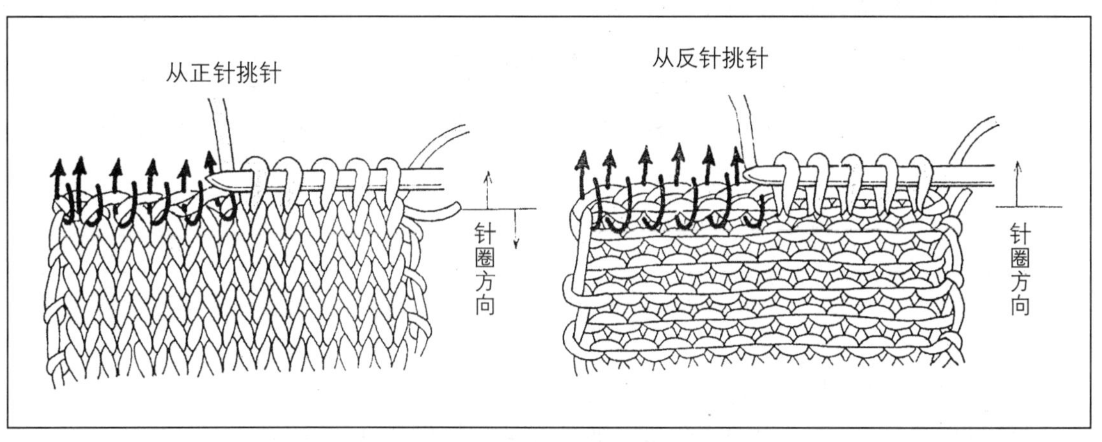

图4-57　从一般的起针处挑针

（2）从另外的线做的起针处挑针

编织下摆、袖口等罗纹时使用的挑针方法，成圈状的边针记为 1 针，线头挂在编织针上，按照 2 针并 1 针的方法编织起来，则两端会很整齐，如图 4-58 所示。

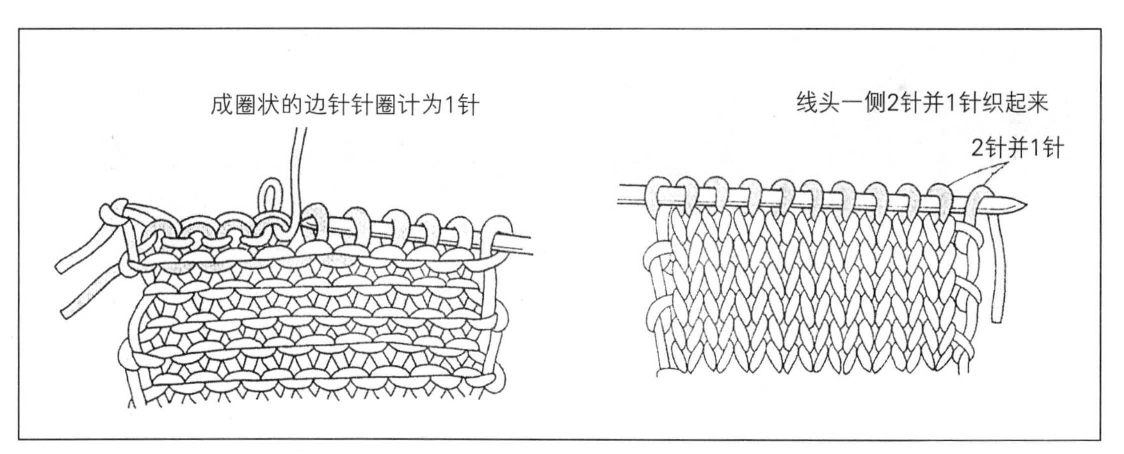

图4-58　从另外的线做的起针处挑针

2. 从织物侧面挑针

这是从织物侧面的行边针挑针的方法，先计算出要挑的针数与行数的比例，再均匀地挑针。

（1）从下针平针织物侧面挑针

编织前襟等部位时的挑针方法，如图 4-59 所示。向下针侧面需要挑针边 1 针的内侧进针，将线带出，挑针数按每 4 行挑 3 针的比例挑针，注意挑针带线不能过紧。

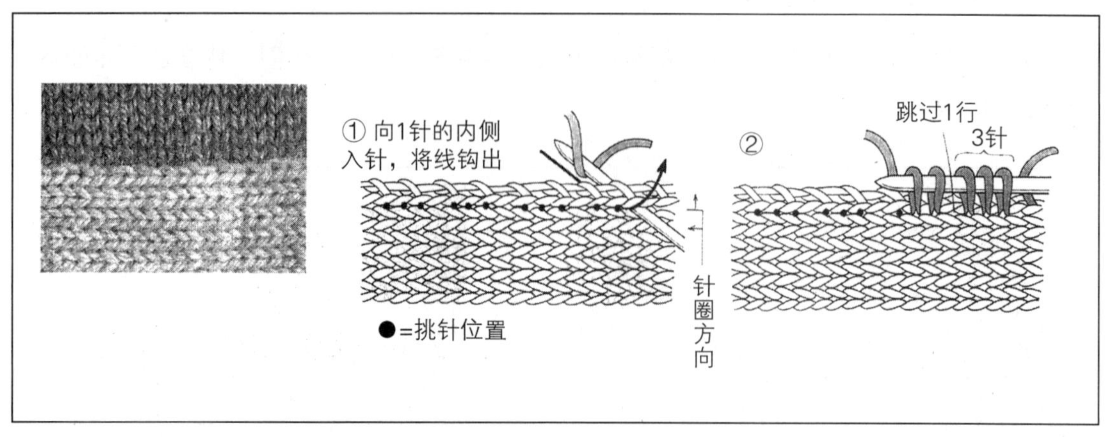

图4-59　从下针平针织物侧面挑针

（2）从上针平针织物侧面挑针

在编织袖片、领片、前襟等部位时的挑针方法，如图 4-60 所示。向上针侧面需要挑针边 1 针的内侧进针，将线带出，挑针数按照每 4 行挑 3 针的比例挑针，注意挑针带线不能过紧。

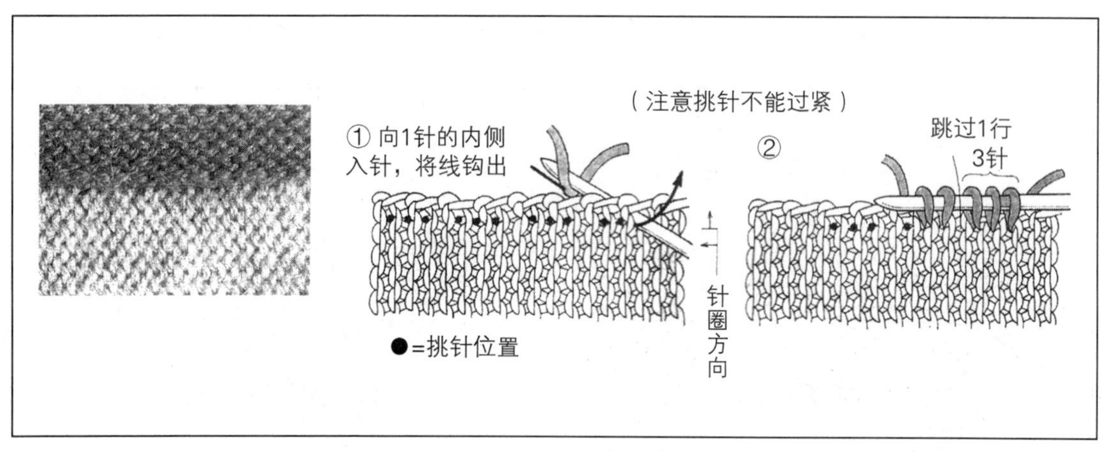

图4-60　从上针平针织物侧面挑针

（3）从平针织物中挑双反针

编织前襟部位时的挑针方法，是从 3 行中挑 2 针和从 4 行中挑 3 针并置交互挑针的方法，如图 4-61 所示。

（4）从平针织物中挑单罗纹

编织领片、前襟等部位时的挑针方法，是从 5 行中挑 4 针，根据罗纹针的种类不同，挑针数也有 1 针到 2 针的增减，如图 4-62 所示。

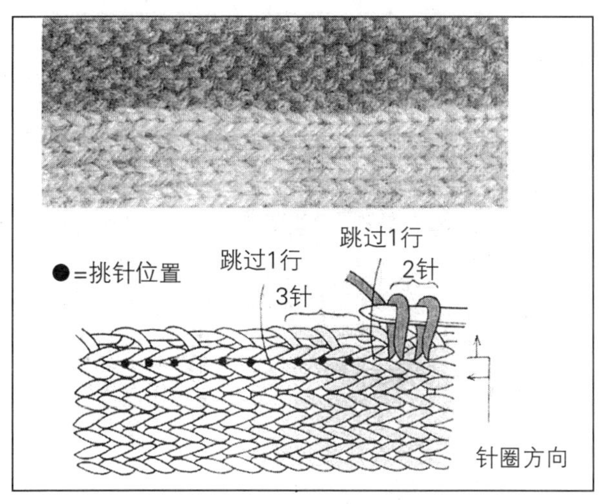

图4-61　从平针织物中挑双反针

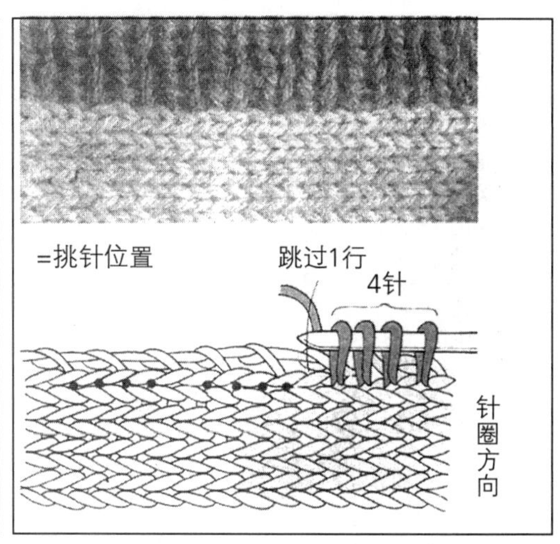

图4-62　从平针织物中挑单罗纹

3. 从织物斜线挑针

织物的斜线是由递减针和递加针形成的，其线圈的结构各有不同。特别是线圈有增减的位置的挑针更要注意，挑针的比例要较直线织物挑的稍多。

（1）从平针织物斜线中挑罗纹针

应用于编织平针衣片领口、袖窿的边缘挑织罗纹针时的挑针方法。如图 4-63 所示，在平针织物（上或下针面）斜线边处 1 针内进针，按照从 6 针中挑 5 针的比例挑针，挑针的线不宜拉得过紧。

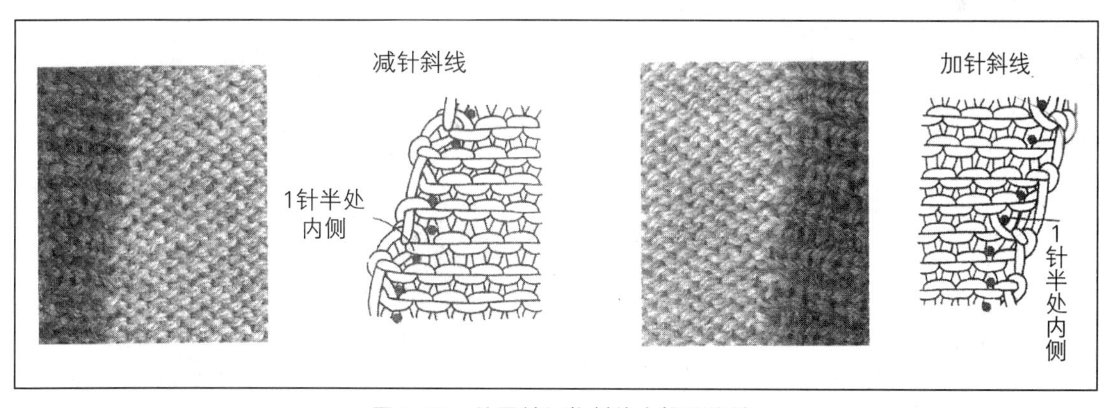

图4-63　从平针织物斜线中挑罗纹针

（2）从双反针织物斜线中挑罗纹针

应用于编织双反针衣片领口、袖窿的边缘挑织罗纹针时的挑针方法。如图 4-64 所示，在双反针织物斜线边处 1 针内进针，按照从每 5 针中挑 4 针的比例挑针，挑针时应注意双反针织物的边不能过于拉伸。

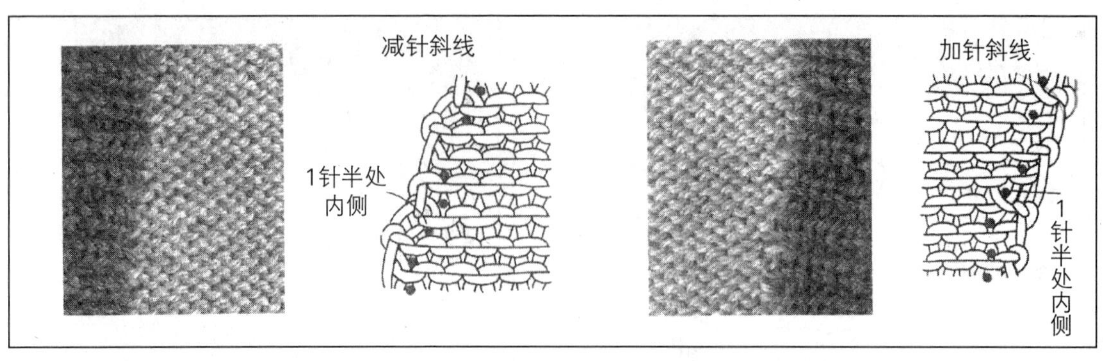

图4-64　从双反针织物中挑罗纹针

4. 从织物曲线挑针

曲线包括袖围与领围等用减针方法做出的曲线以及针织短装或夹克的下摆弧形等用加针的方法做出的曲线。加针曲线或减针曲线，根据挑针后织法的不同，其挑针的针数有些不同。但是不管是哪种编织方法，减针位置和加针位置特别要注意从多半针处内侧挑针，这样，曲线才不会变形、外张。

（1）从减针曲线挑针

袖围、领围等向内弯的曲线的挑针方法，要注意若挑针过多，则编织出织物会出现不平服状态，特别是袖围不可挑针过多从减针曲线挑针的效果如图 4-65 所示。

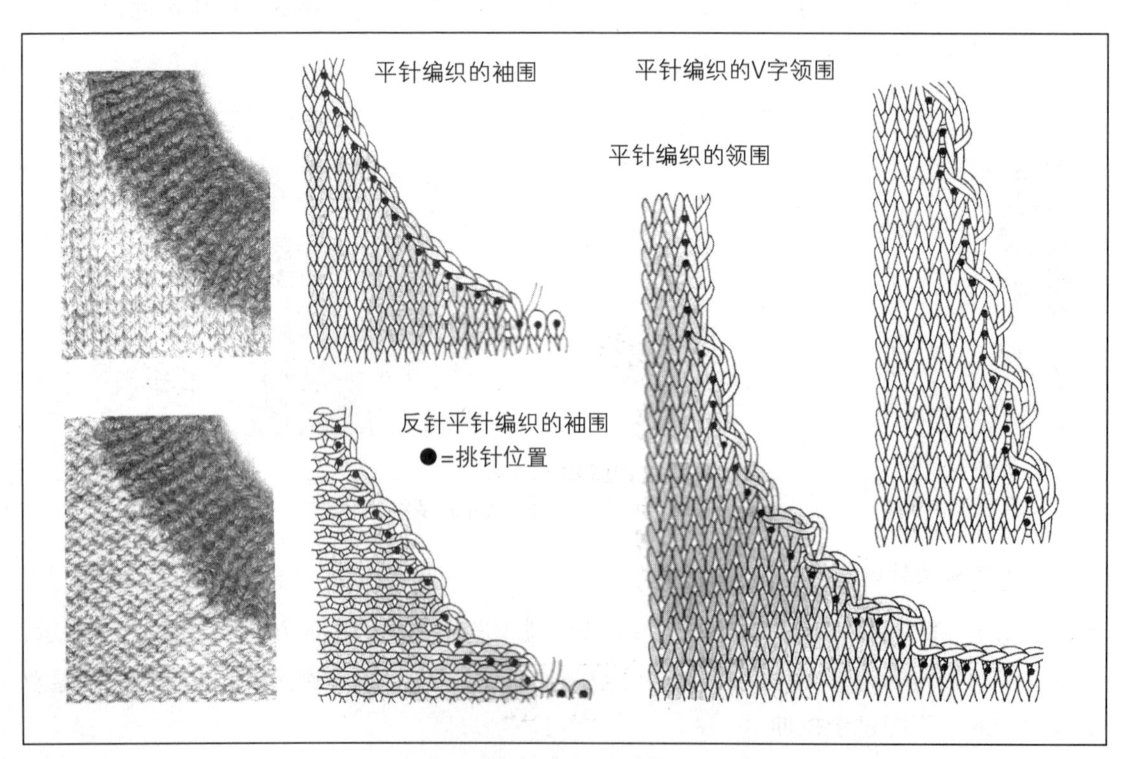

图4-65　从减针曲线挑针

（2）从加针曲线挑针

弧形下摆等向外弯的曲线的挑针方法，要注意若挑针过少，则编织出的织物会拉紧、弧形不平整。从加减针曲线挑针的效果如图 4-66 所示。

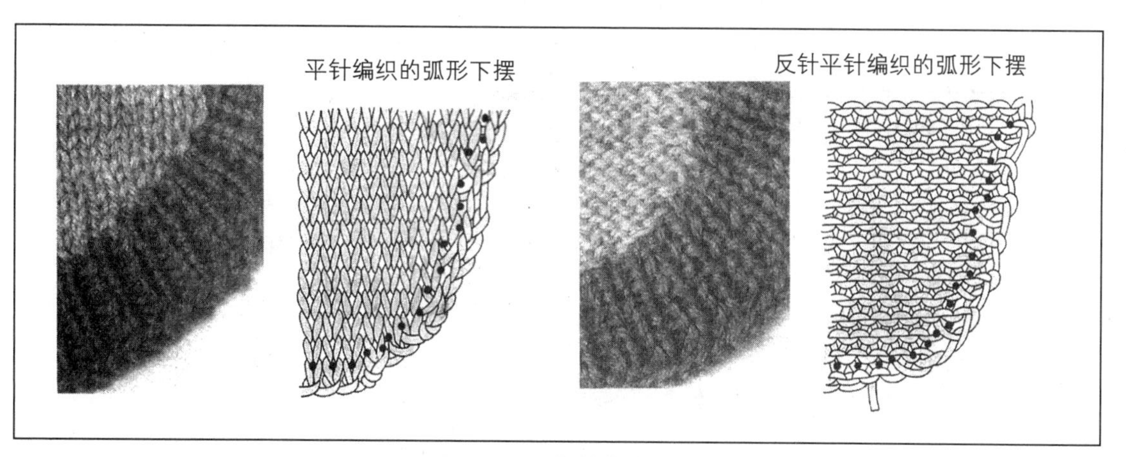

图4-66　从加针曲线挑针

第七节　棒针服饰设计应用

一、图案编织方法

平针织物通过换色线来表现花纹和图案的技法。根据图案的不同，可分为在反面以滑针过线、不过线的编织方法，以及将暂时不编织的线另外编织的方法。

1. 织物的反面过线的图案编织

在编织底线时将换线织配色线打结系到换线处背面，编织配色线时将底线从织物的反面过线的方法。换线织图案时如果反面的过线过紧，织物的正面就会扭曲抽皱、不平整，因此，注意带线和过线的松紧更为关键。

（1）连续图案编织

因为此种图案一直要连续到织物的边。因此在图案行的起织处编织换线（配色线）织第一针前，要将配色线系牢于织物需换线织图案处底线背面，后按图 4-67 所示开始编织，此时不织的原底线在织物背面滑过，同样编织完此行。编织下一行时，一边换线一边编织，但要注意在反面滑过的编织线不能交叉。图案一直延伸到织物的边。因此在行的起针处编织第一针时，要将换线绕到底线的反面一起编织。编织下一行图案时，一边换线一边编织，但要注意不织滑到反面的编织线不能交叉。如图 4-67 所示。

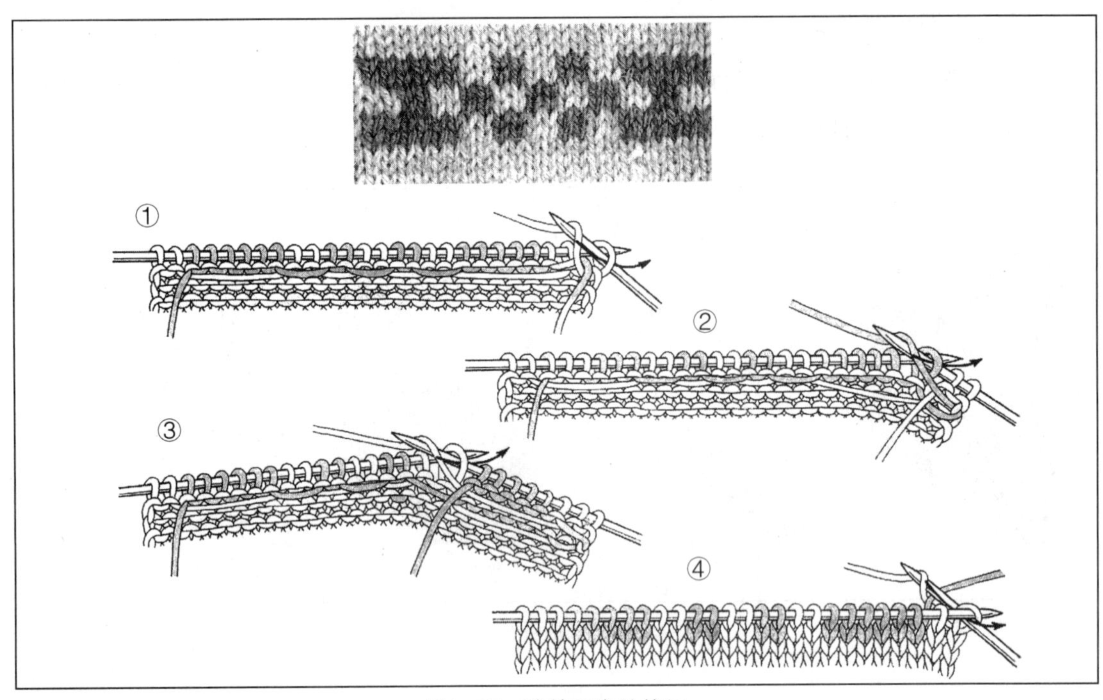

图4-67 连续图案的编织

（2）单独图案编织

这是将单独图案编织在棒针衣片相应位置的编织方法。这虽然也是一种连续图案变化形式的一种应用，但图案的轮廓线多呈现曲线状，要注意交界处的针不能松散，特别是轮廓线的线圈，在编织图案外侧的底线 1 到 2 针时，就要将换色线绕到底线的反面一起编织，编织到图案为止再滑线。如图 4-68 所示。

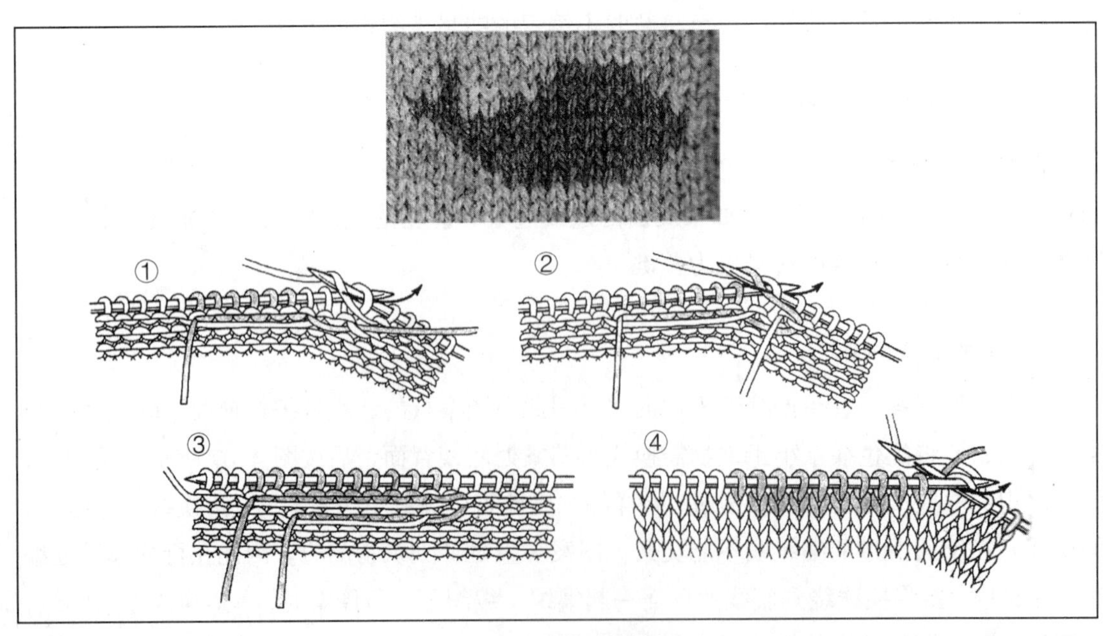

图4-68 单独图案编织

2. **组合针法花样编织——识图训练例（图 4-69）**

纵观棒针编织服饰物，可以两针结成片状织物，也可以四根针结成筒状织物，并能根据需要收针或放针结成不同的形状，适宜编织各种服装与饰品。棒针编结织物的针法十分丰富，常用的基本针法有下针、上针、并针、加针、交叉针、浮针、滑针等。将不同针法进行组合变化，例图短袖片花型 4-69 所示，可以编结出变化无穷的花样或款式，其应用效果归结起来可分为三个种类。

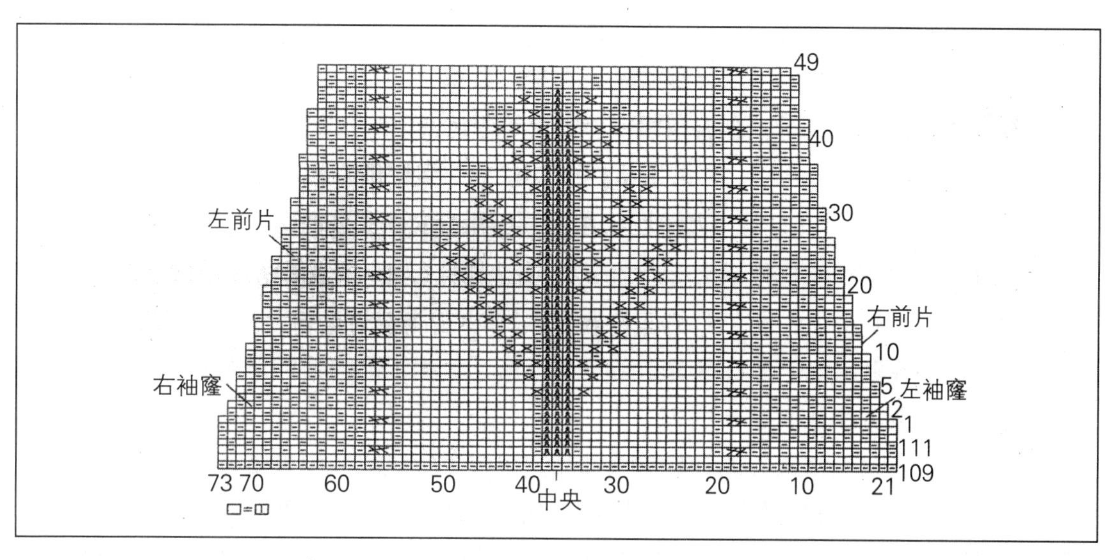

图4-69 组合针法花样编织

二、组织应用设计

1. **花型针法应用**

在棒针织物中，多以下针、上针、交叉针、浮针、滑针为主，编织成有松紧、有弹性的罗纹针；还有质地厚实、有立体感、保暖性好的花型；有运用浮针、滑针和上针、下针组合编织出的双层加厚“棉衣扣”。其中罗纹针横向伸缩性强，多应用于紧身衣和服装的领口、袖口、裤口等收紧罗纹处。交叉针编织品层次丰富，有浮雕般的凸凹效果，装饰性很强。花型针法在服饰上应用广泛，具有质厚、保暖的特点，若使用特粗、特细材料异形编织，立体效果更为显著。

2. **镂空针法应用**

这是以空针、并针、下针、上针等针法相组合，通过空针与并针的组合应用，使织物上形成镂空效果。花型清晰、疏密有致、花型活泼，具有钩编织物飘逸、清新透彻的效果。常见的有孔雀针、秋叶针、蝙蝠针、网格针等，多用于细绒线、开司米、丝线等的编织。应用镂空针编织外套、时装网衫等服饰物或应用新材料进行编结，使棒针编织服饰物在款式、造型上有所拓展，特别是它与内衬服饰物在色彩、花纹上虚实相映，时隐时现，适合女装设计，有种神秘、朦胧、原始之感。

3. 图案换线编织应用

这是采用两种或两种以上不同色彩的线换线编结成图案的针法。一般以下针平针织物应用编结为主，一种颜色编结时，另一种颜色线在背面滑过，这类图案多为二方连续图案和单独图案装饰针织服饰物。在织物上设计二方连续图案时，织物背面避免浮现过长而影响织物的形状与牢度；而编织色块组合画面时，由于背面有时浮现过长，必须采用手缝针法在背后把浮线固定。应用图案换线编结可以提高服饰物的工艺效果，提高档次，利用零星杂色线编织，使色彩缤纷，别有情趣。

4. 花型针法

花型针法采用两种或两种以上不同色彩的线编结成花纹的针法。一般以下针为主，或结合使用浮针、滑针等，由于色彩的交替变化，编织物上形成变化多端的花形针法。

由此可见，棒针编织工艺在服饰中应用十分广泛，编织品独特的形态和活跃的织纹机理丰富了服饰的装饰形式和装饰手法。

用编织技法直接编结成各式服装与服饰品，形成了针织服装中极富特色的种类。编织服装的花样、色彩、款式变化多样，装饰性较强，且能适应男女老幼不同的需要，春夏秋冬不同的季节，因此一直是服装界的“宠儿”。有端庄高雅的男装、妩媚秀丽的女装、粗犷洒脱的青年装、活泼可爱的童装；不同质地、不同款式的编织服饰物，给人们带来温暖舒适的享受，带来大方得体的美感，将越来越受到人们喜爱。

编织技法还可用于服装接缝的美化，让服装产生新颖别致的装饰效果。用棒针或钩针编织成单独花样、花边、块面状织物等相拼点缀于服装上，已成为近年来较为流行的服饰手法。夹克装、运动装、皮革服装、呢绒时装中常以手编或机织的编织物装饰领子、袖口、腰部、肩部、胸部等部位，与服装面料的质地和色彩形成对比，显得潇洒大方，穿着也舒适自如。有些编织物本身的纹理结构就极富图案意味，形态也很美观，相拼接缝与服装局部很具时尚感，是一种颇具新意的服装造型与装饰手法。

第五章　布艺装饰

布艺装饰是纺织品再造型应用之一。日常生活中常见的布艺花饰、服饰配件、居室布艺装饰等都充满制作者的智慧、情趣。各种闪动着灵性的布艺作品，看似信手拈来，却给生活带来无穷乐趣。

创意立体花装饰能点缀服饰、居室，以布条、丝带钩编的小篮、小盘和其他小日用品会散发出质朴、轻松的气质，可为居室增添一份温馨。由优雅的花布和轻盈的缎带制作成的布艺花篮，以其浪漫、别致的造型调节着家居气氛，点缀着浪漫生活。近年来，绗缝居室布艺系列产品风靡全球。由布衣工艺制作的纺织品，具有立体而松软、简练大气、舒适的艺术效果。

第一节　创意立体花装饰

立体花是模仿自然花的形态特征，写实或抽象地应用纺织品进行花朵、花束的制作。自然界花卉种类繁多，其形态、色彩各异，特征不同，有妩媚俏丽的，也有朴实大方的。立体花抓住花的造型特点，以纺织品、皮革、毛皮、纸张等为材料，通过一定的工艺手段将其仿制出来，具有实用美化功能。

立体布花的表现方法可根据用途的不同做成写实性花饰，或稍加变化，甚至还可以做成完全抽象的创意立体布花作品。

一、立体布花制作

1. 花茎

花茎的制作如图 5-1 所示。

（1）在包茎条上刮好浆糊，把铁丝束放在包布中间，然后折布围合。水仙花一类的粗茎可以多包几层。此种方法适用于较粗的花茎。

（2）把专业花茎条或印花布、丝绸、缎带一类的布裁成 1cm 宽的斜条，然后刮好糨糊，从一头开始卷成管状。

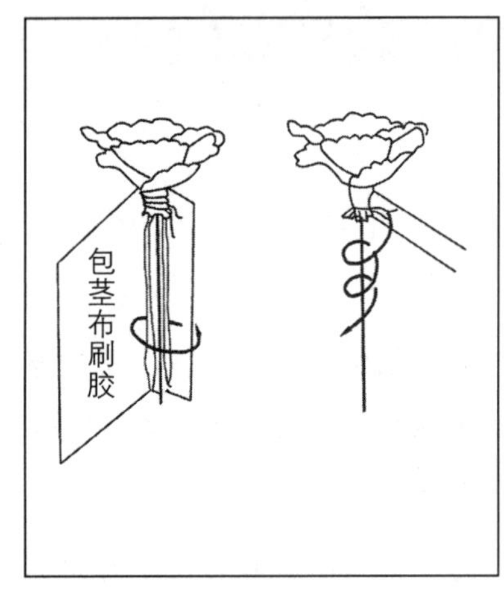

图5-1　花茎

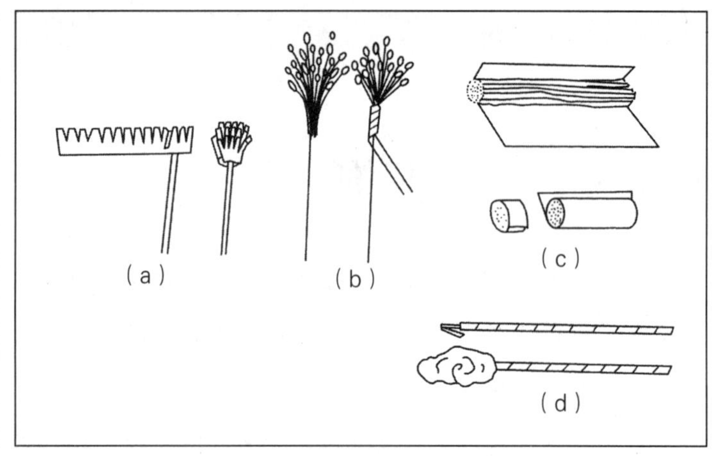

图5-2　花芯

2. **花芯**

花芯的制作如图 5-2 所示，除专业花芯以外，常用以下几种。

（1）布花芯

取一长布条，在一侧按 0.1 ~ 0.2cm 间隔剪出剪口，剪至布条幅宽的 1/2 处即可，然后把花茎头铁丝折弯 0.5cm 左右，挂在花芯布的剪口处，在布条底边上刮上糨糊，卷起即可。此种方法多用于荷花花芯，如图 5-2（a）所示。

（2）抽芯

将花芯布的缝份一面向内折，一面沿周围纳缝。用细铁丝穿过花芯布后，折弯约 5cm, 再穿过布。然后把缝线拉紧，使布心紧缩，封线结，注意线迹不要外露，然后用力扭转花芯根部铁丝。此方法多用于制水仙花花芯，如图 5-2（b）所示。

（3）裹芯

将花芯布裁成两倍花芯直径大小的圆形,距毛边 0.2 ~ 0.4cm 缝纳针,将毛边折扣烫好,装好棉芯（或钮扣）,抽紧缝线即可。用此种方法可制作向日葵花芯等,如图 5-2（c）所示。

（4）棉花芯

棉花芯常用于郁金香、铃兰花等。把卷好花茎条的花茎一端折弯，抹上糨糊，用脱脂棉在上面裹成包状即可，如图 5-2（d）所示。

3. **花瓣**

花的造型不同,花瓣各异。玫瑰花、菊花、喇叭花、石竹花、绣球花等的花瓣裁片如图 5-3 所示。预留好缝份，每片花瓣各裁两片，缝合后翻转（有时花瓣两层中可夹棉层，有的花瓣表面绗明线。

图5-3　花瓣

4. 叶片

如图 5-4 所示，叶子形状很多，有大叶、小叶、长叶、短叶、圆叶等。为保持叶子不变形，一般需在两层叶片中间夹棉层，有时为使叶片具有一定的造型，需在叶片中加细金属丝。为使叶片更生动，可在叶片表面绗明线作叶脉。注意应使线迹的颜色比叶片颜色稍深。

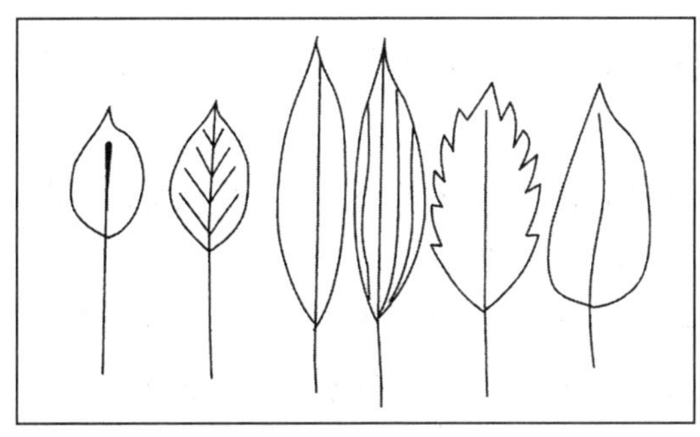

图5-4　叶片

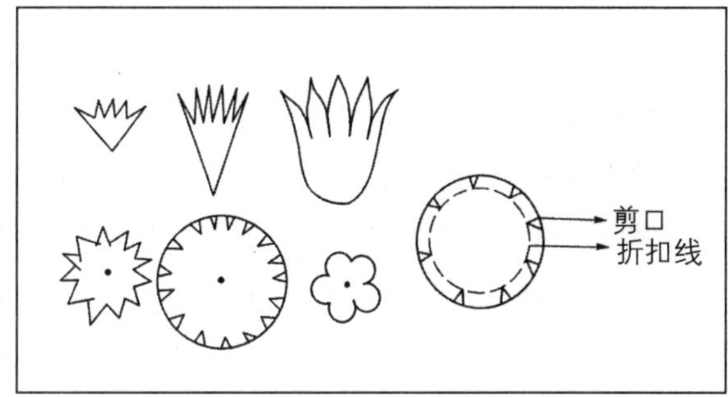

图5-5　花萼

5. 花萼

如图 5-5 所示，花萼外形有扇形和圆形两种。不论哪一种花萼，外沿都是毛边，需做扣净和抹浆糊处理后将花萼黏在花的外部。

二、创意花束制作

1. 郁金香

（1）材料

20 号铁丝、絮状填充物、包茎条（黄绿色素色面料斜条）、郁金香花布（9cm×12.5cm）、钳子、手针、丝线、剪刀。郁金香制作模板见图 5-6。

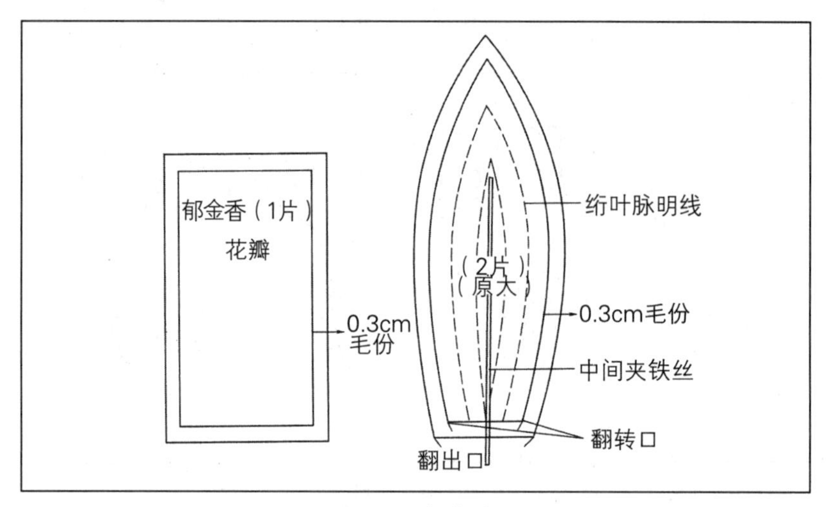

图5-6　郁金香

（2）制作方法

制作方法如图 5-7 所示。

① 在 20 号铁丝前端约 1cm 处，用钳子将铁丝弯折，将铁丝弯折部套上乒乓球大小的絮状物，再用钳子将铁丝拧紧，卷上包茎条固定好，花茎就做好了，见图 5-7（a）所示。

② 花布正面相对进行缝合，如图 5-7（b）所示。

③ 一端折扣毛份，一端缝纳针，并把花茎插入花布中，抽紧纳针线头，并系紧，然后把布面正面翻出，如图 5-7（c）所示。

④ 顶端缝份往内折后，对捏成四等分，以绣线按 1-2-3-4 顺序缝合，拉紧绣线，打结，适当保留绣线头，剪掉多余绣线便成为郁金香花枝，如图 5-7（d）。

⑤ 叶片是将两片叶片布（薄膨松棉）按图 5-7（e）进行缝合，并沿针脚剪掉多余的化纤棉和缝份，翻出叶片正面并绗缝叶脉明线，最后以叶片包裹花茎并固定好，如图 5-7（f）。

⑥ 完成品布艺郁金香 1 支。

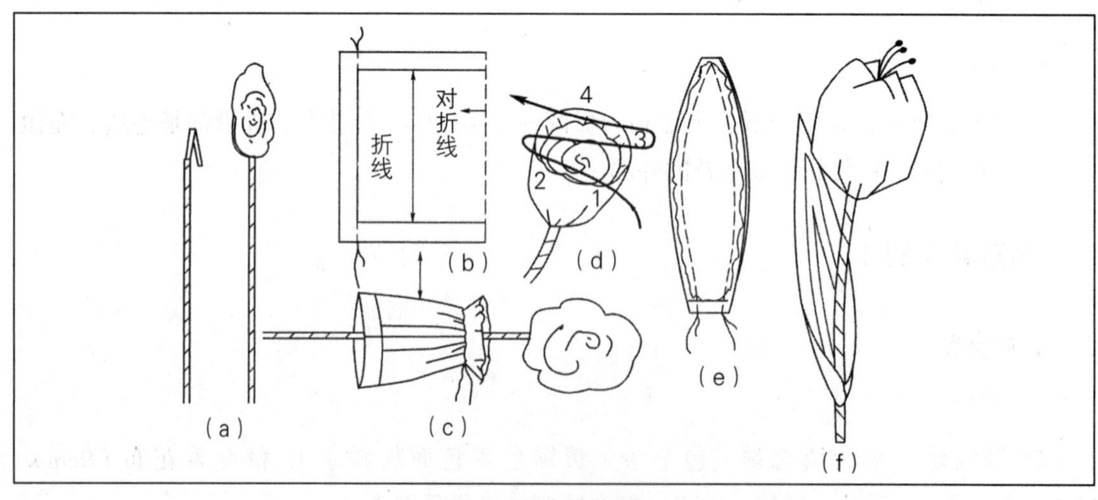

图5-7　郁金香的制作

2. 铃兰花

铃兰花又名君影草，是瑞士和荷兰的国花。花形给人妩媚又朴素之感。

（1）材料

小铃兰花用花布（5cm × 3cm，6 块）、大铃兰用花布（6cm × 3.5cm，4 块）、叶片布（绿色或黄绿色，7.5cm × 21cm，2 块）、黄绿色斜丝缕素面包花茎布条、絮状填充物、24 号细铁丝 10 根、绣线，部分材料和花形制作模板如图 5-8 所示。

（2）制作方法

与郁金香花朵制作方法类似，花朵造型及大小有异。

① 每枝铃兰花大约有 5 个花朵，由上至下花朵由小至大。每个花朵做好后，第一层花茎包好，待用。

② 将每枝花茎弯曲，再将两枝小铃兰调整位置组合好，在包茎布上涂抹上胶水、黏包茎条 2~3cm，同样加入第四、第五个花朵，花茎包好、固定。注意花朵的方向要一致。

③ 铃兰花叶片的做法同郁金香叶片的制作方法相同，一枝铃兰花衬一个叶片，组装时需调好花枝与叶片造型并用手针暗缝固定好花枝。

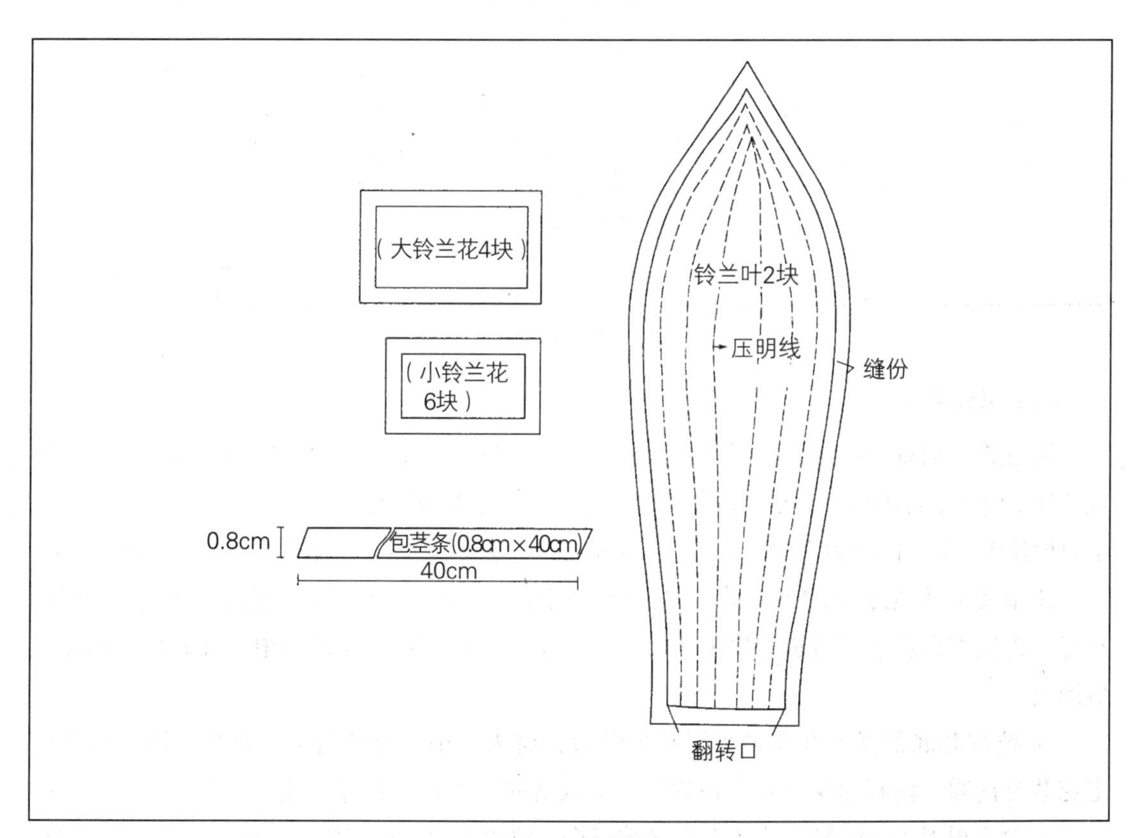

图5-8　铃兰花

3. 莲花

（1）材料

花瓣布（红色薄布 26cm × 46cm）、花芯布（黄色素色布 22cm × 4cm）、花底布（绿色薄布 5cm × 5cm）、小叶片（浅绿色薄布 32cm × 20cm）、大叶片（绿色薄布 54cm × 36cm）、薄棉、衬布、絮状填充物、暗扣、绿色绣线若干，裁片如图 5–9 所示。

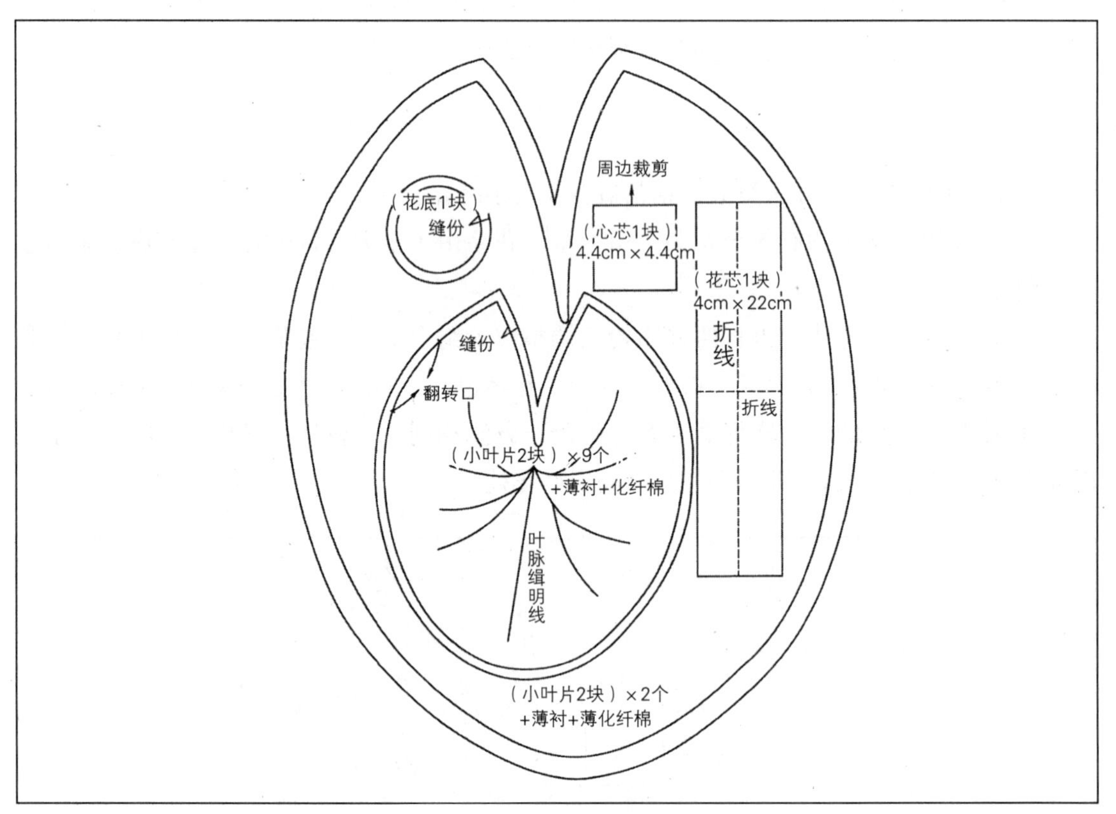

图5–9　莲花裁片

（2）制作方法

① 花瓣：将薄化纤棉、薄衬、花瓣裁片组合，花瓣裁片背面如图 5–10 中虚线作省，按裁片外形缝合，打剪口、净毛后翻出花瓣正面。每朵莲花由同样大、中、小各四枚花瓣组成，把每四枚大、中、小花瓣用纳缝针（毛份 0.3cm）串联成圆形备用，制作方法如图 5–10 所示。

② 花芯：在花芯布的中央放置少许絮状填充物，折成三角形，在折成三角形后绑紧、扎好，将长方形花芯布对折，以剪刀剪出花芯须状。以三角形花芯为中心外缠绕须状花芯后固定。

③ 把花芯底部净齐并与最里层花瓣缝合：将大、中、小花瓣交互重叠，用暗缝针固定花芯与花瓣。将圆形花朵底布扣烫好，塞入薄棉，再将底布缝与花朵下方。

④ 缝合叶片布：两层叶片布夹层薄棉缝合，留出翻口，封翻口，手绣或绗缝叶脉明线。

同样制作小叶片 9 块、大叶片 2 块。最后，用绣线连接叶片与莲花，如图 5-10 所示。

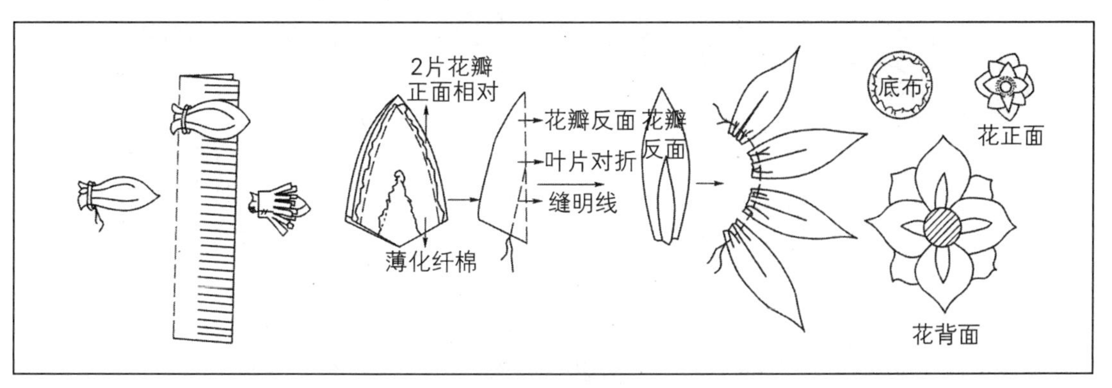

图5-10　莲花的制作

4. 向日葵花

向日葵 6 ~ 8 月开花，常被比作如日中天的中年男子，是秘鲁和俄国的国花。

（1）材料

絮状填充物、薄棉、咖啡色或米色格子布、绿色中间夹薄棉、小花萼布料 24 片、12 片花萼瓣、花瓣 12 块、花萼 2 块、包茎条（同花萼布料）1.5cm × 70cm。向日葵花的裁片如图 5-11 所示。

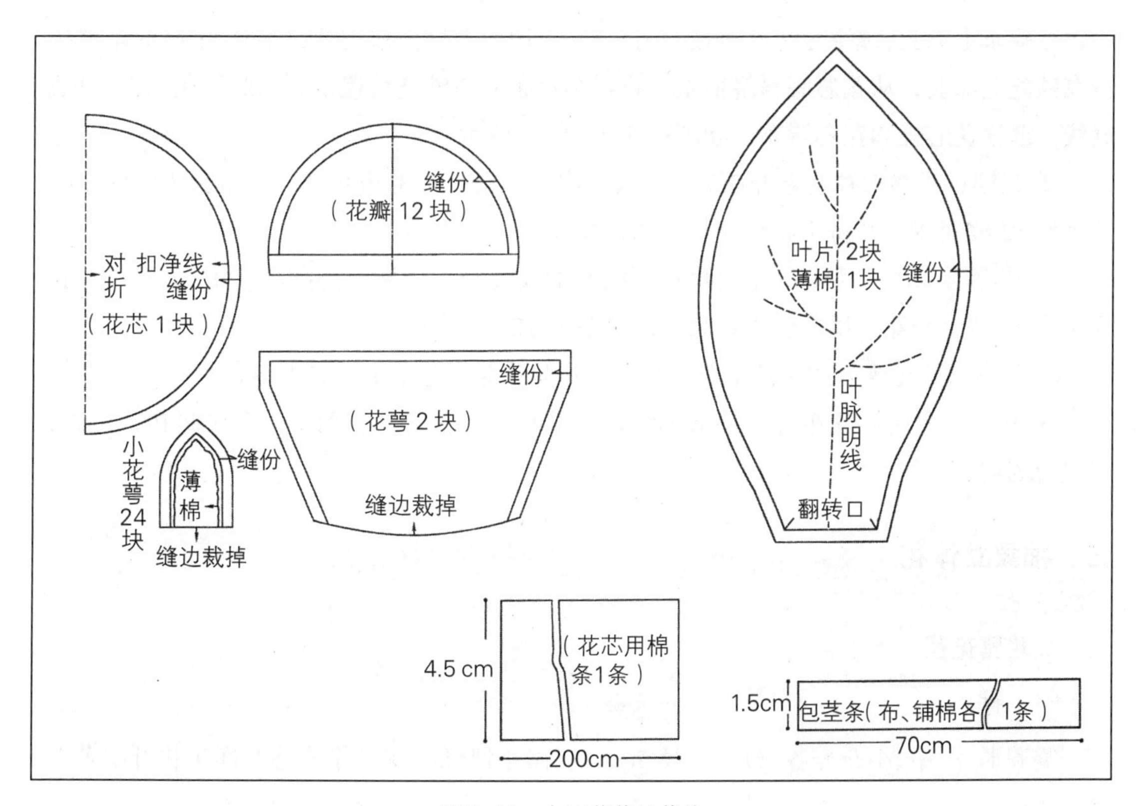

图5-11　向日葵花的裁片

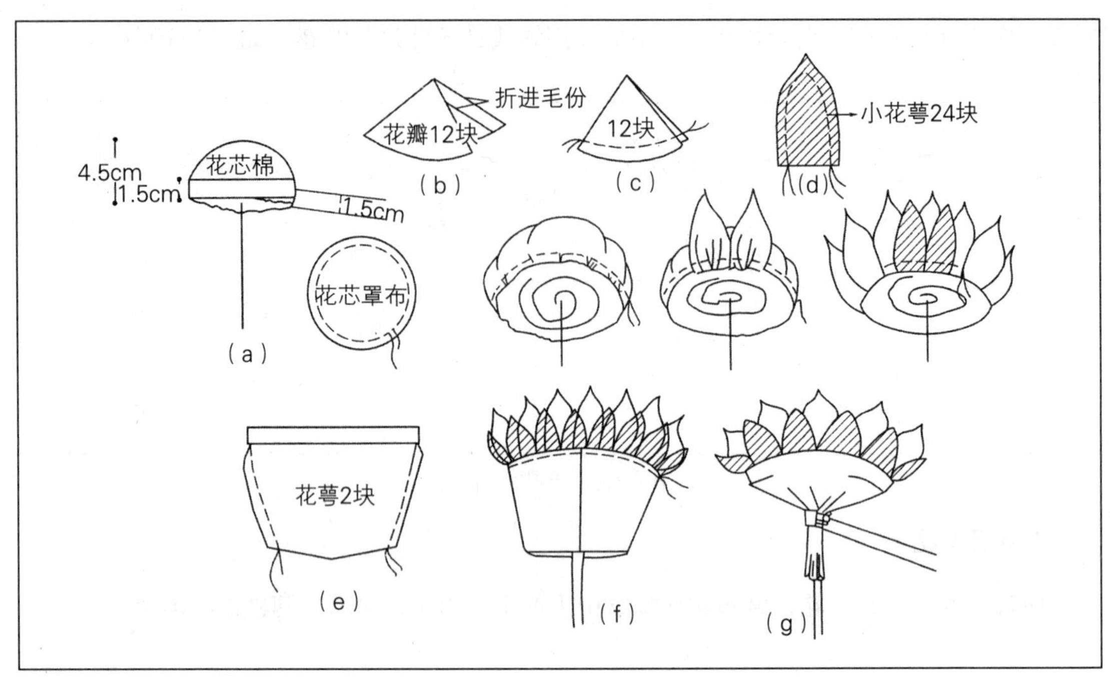

图5-12 向日葵花的制作

（2）制作方法

向日葵的制作方法如图 5-12 所示。

① 花芯：取 3 根铁丝，在一端弯转 3cm 长夹住化纤棉条后往铁丝上卷，并一边卷时一边往棉条上涂胶，缠绕至花芯直径约为 8.5cm。用剪刀修剪成边低（1.5cm）中高的陀螺状。再在铁丝上涂胶，从花芯底斜绕棉条。将花芯罩布周边纳缝后覆盖于陀螺形花芯上，拉紧缝线，缝住花芯棉和花芯罩布，如图中 5-12（a）所示。

② 花瓣：半圆形黄色素布折成 1/4 大小扇形，沿弧形毛边纳缝，抽紧缝线做成花瓣，共制作 12 枚花瓣，并将花瓣紧密与花芯布缝合。

③ 花萼瓣：用花萼瓣绿布两片正面相对沿线缝合，从翻转口翻转出正面，以相同要领制作 12 块，与花瓣错开缝于花朵上，如图 5-12（d）所示。

④ 花萼：把花萼上边扣扦于花萼瓣上。扎紧花萼于花茎上并卷上茎布。

⑤ 叶片：两层叶片布夹一层薄棉缝合、翻转，绗缝走叶脉明线。毛份暗扣，包裹花茎缝合固定。

三、抽象立体花

1. 玫瑰花苞

（1）材料

椭圆形大、中、小花瓣各三片，直径 5cm 左右的圆形布一片（沿布边扣净），化纤棉若干，边长 10cm 的正方形布数片、直径 3cm 的圆形布（扣净），部分裁片如图 5-13 所示。

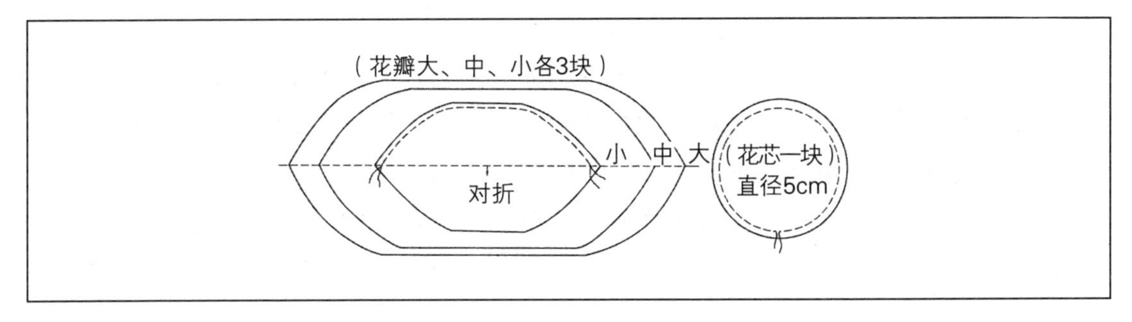

图5-13　玫瑰花苞裁片

（2）制作

玫瑰花苞的制作如图 5-14 所示。

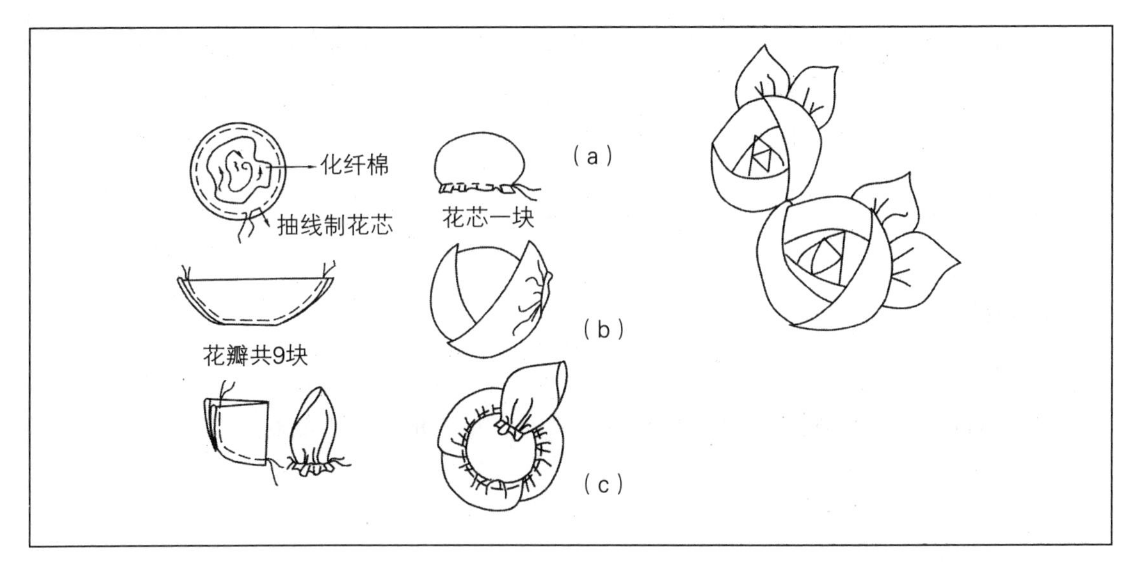

图5-14　玫瑰花苞的制作

① 花芯：圆形花芯布按缝份缝一周，填入少许絮状填充物，抽紧缝线，如图 5-14（a）所示。

② 花瓣及花苞：将花瓣布沿长轴对折，在毛份一边缝纳针，抽紧缝线，即成花瓣待用。把花瓣按照大、中、小三层交错包缝在花芯上，如图 5-14（b）。

③ 花苞及叶片：正方形叶片布对折两次，将一面的尖角剪掉成扇形，缩缝成叶片并缝在花苞上。最后用手针扣缝扣烫好的毛份花苞底布，如图 5-14（c）。

2. 丝带（或布条）折小玫瑰

（1）材料

2cm 宽丝带长 30cm 左右、绣线、手针。

（2）制作

首先将丝带中间折成直角状，再折转把丝带往后折，压住另一段丝带，再把另一段丝带往后折压住前一段丝带，如此重复折叠成边长 2cm 的多层正方形，直至丝带折叠完；然后左手拇指和食指捏住丝带的两端，右手抽其中的一端，即成一朵多层卷瓣的小玫瑰花。丝带越长，折叠层数越多，花瓣层次就越多，花形越饱满，制作方法如图 5-15 所示。

图5-15　小玫瑰花的制作

3. 马蹄莲

（1）材料

白色薄料（如白素缎料）、絮状填充物、铁丝、花芯布、包茎布条。

（2）制作

制作方法如图 5-16 所示。

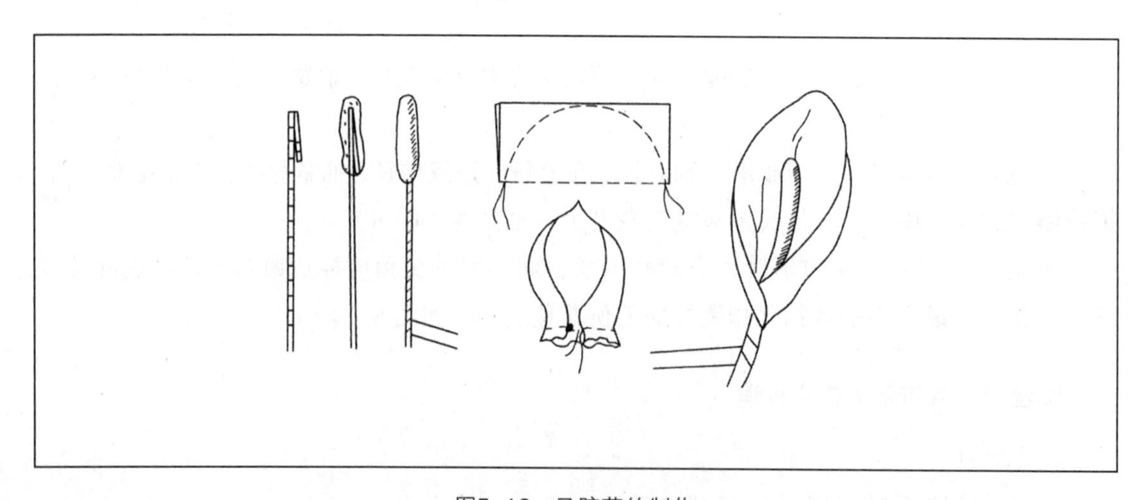

图5-16　马蹄莲的制作

① 花芯：用钳子折弯铁丝一端 4 ~ 5cm，勾住絮状填充物，裹缝黄绿色花芯布或白面料做成花芯再染成黄色，将花芯底部扎紧。

② 花瓣：取正方形白色薄纱料对折，在毛份一边缝弧线纳针抽紧并裹住花芯，扎紧缝线。

③ 叶片：同向日葵叶片的制作方法。将叶片铁丝装在华芯铁丝适当位置。

④ 花茎：用包茎条斜包花瓣底布和花茎。

4. 梅花

（1）材料

粉色薄素缎、薄纱等花瓣面料，化纤填充棉，花芯布，花芯珠，花底布。

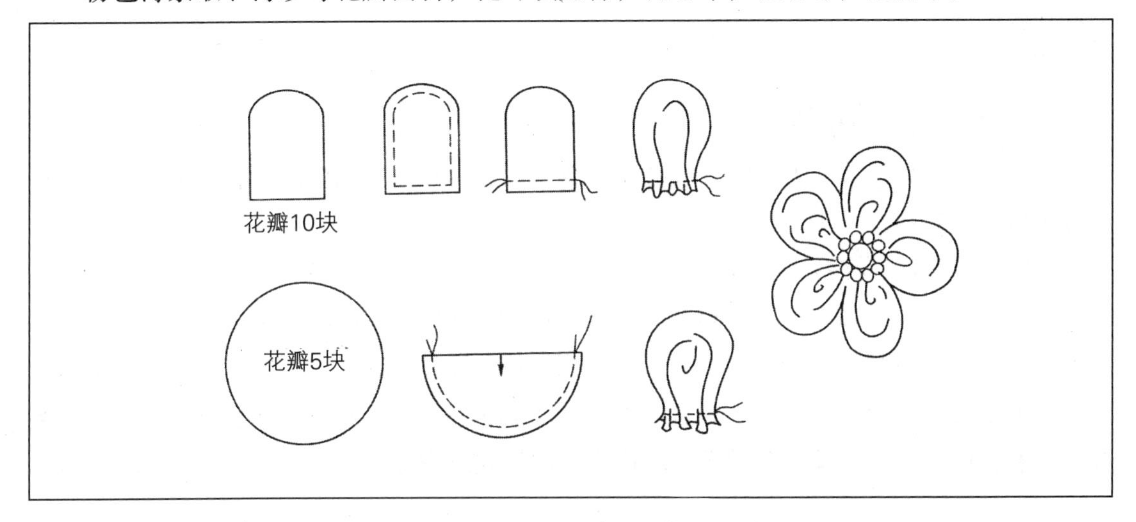

图5-17　梅花的制作

（2）制作

制作过程如图 5-17 所示。

① 花芯：取一圆形红色或白色花芯布，距毛边 0.2cm 左右缝纳针，放入少许絮状填充物做花芯，抽紧缝线，注意抽紧缝线时，一定将缝份向花芯内折扣而成。

② 花瓣：每朵梅花有 5 个花瓣，花瓣端部较圆，制作时先做好花瓣，然后 5 瓣相连，钉上花芯即可。每片花瓣由一片圆形花瓣布或两片门形花瓣布（正面相对）缉缝。

③ 花朵：将梅花花瓣 5 枚串缝一起，固定于花芯底部，毛份避免外露，再将花芯珠缝在花芯外圈，共同组成花芯。

④ 将花底布按缝份向内扣烫，用手针包缝好。

第二节　家纺布艺装饰

家纺布艺装饰是依据居室环境特定功能要求、审美情趣、空间范围而进行的具有针对性的纺织品外观形态构成。由于纺织品具有极强的可塑性，因此设计时如能对其固有的质地、纹样、色彩等予以因材施艺的构思和表达，就能创作出丰富多彩的家用纺织品造型。在具体的纺织品布艺造型设计中，最常用的装饰手段有绗缝、填充、褶皱、抽穗等多种类别，诸多富于鲜明审美个性并与室内环境相得益彰的家用纺织品布艺造型都是由此而生的。

总体而言，实用、美观、舒适是现代家纺布艺造型设计的总原则。在此原则引导下，家纺布艺造型呈现日益繁荣的景象。家纺布艺因其在室内环境装饰中具有特殊的地位，所以其外观设计也愈发受到人们的重视。

一、家纺布艺装饰的类型

家纺布艺制品因具有实用性、舒适性、装饰性的特点而广泛应用于室内装饰。大致可划分为以下几类：

窗帘类（窗帘、帷幕、屏风、隔帘、帐幔等），家具覆盖类（凳、椅、沙发的包覆料，椅套，沙发套，沙发巾，台布，电器套等），床上用品类（床罩、床单、被套、被单、床垫布、睡枕等），地面铺设类，墙面贴饰类，浴室用品类（浴巾、浴帽、浴帘、马蹄形踏脚垫、便桶套、地巾、换洗袋、垃圾桶套、手纸盒套等），室内陈设布艺类。居室布艺装饰风格有古典式、自然式、浪漫式、现代式、民族式及童趣式。

二、家纺布艺制作

要把平面的纺织品进行造型加工，运用的工艺主要有绗缝、夹棉绗缝、打褶、镶边、滚边等，还可结合编织、绳编、刺绣、印染等工艺，使其表现出丰富的设计构思。

1. 抱枕制作

抱枕的制作如图 5-18 所示。裁 3 片 60cm × 30cm 的枕料，先将每片的两端毛边缝位，再将 3 片枕片相连缝合，再在正面如图所示缉一道明线，中间填絮状填充物，最后将抱枕两端用彩色丝带系紧即成。

2. 靠垫的制作

（1）裁 16 片 13cm × 13cm 的靠垫正面料，每片四边中部做 3cm 的活褶。另裁取荷叶花边料，料宽 6cm、长 10cm × 4 再加放 1 倍，总长为 80cm。另裁 40cm × 40cm 靠垫背面材料块。

（2）面料裁好后，将 13cm × 13cm 裁片每边中间的褶收好，并将裁片按 4 行、4 列边

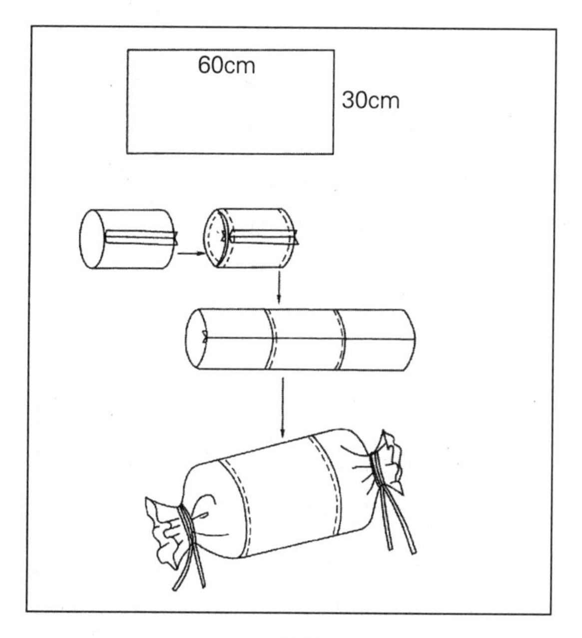

图5-18　抱枕的制作

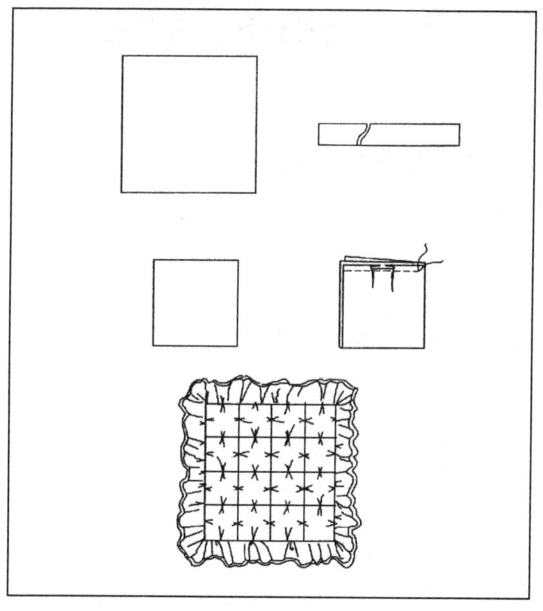

图5-19　靠垫的制作

对边连在一起。

（3）靠垫正面、背面的面相对，将荷叶花边夹在正面、背面中间在反面缝合。有一边要留出 30cm 的翻口，翻好后加填充物，最后用手针缲缝好。

3. 杂物篮的制作

杂物篮的制作方法如图 5-20 所示。

（1）将色彩布条斜绕在衬条上，先围绕成盘形，做好底座。在盘圈的过程中，需间隔一段用布条将这一圈与上一圈相连，打结使之牢固，打结位置要相错，使之更为美观。

（2）在底盘做好后，用布条继续缠裹，做花篮的蓝围。

（3）将蓝围尾端盘绕并做成提手。在一侧用蝴蝶结做装饰。也可运用该法做成各种茶杯垫、盘垫等物品。

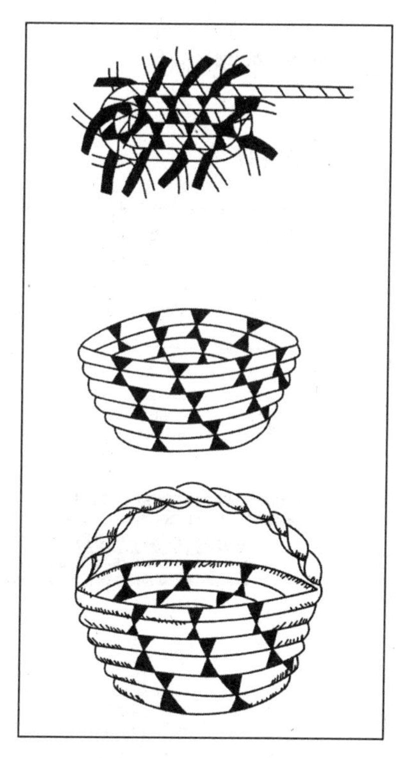

图5-20　杂物篮的制作

第三节　服饰布艺装饰

有人说没有饰物装饰的服装，就如同没有装潢的房子一样，虽然实用却无美感。饰物色彩丰富，质地、形状各异，对服装有画龙点睛之效，即使是一件很平庸、很简单的服装，加上适当的饰物就会增色不少。

一、服饰布艺的类型

服饰布艺的类型繁多，如发饰、包袋类、手套、领饰、胸饰、帽子、鞋等，你既可以从商店、网店购买，也可以自己制作搭配，自己制作更能使衣着显出个性风格。服饰布艺可以采用服装剩下的零料做成，不需特别去购买。服饰布艺饰物可以是挂的、别的、钉缝的各种饰品，一套普通的服装加上小小的饰物便会使服装夺目、耀眼。领饰的领结、领花和领带可与毛衣和衬衫搭配。一件衬衫用三款不同的领饰，会有三种不同的观感。发饰、胸饰虽小，若与服装搭配得当，正像画龙点睛一样，能使整体显得经典、完美。

二、服饰布艺制作

1. 平头领带

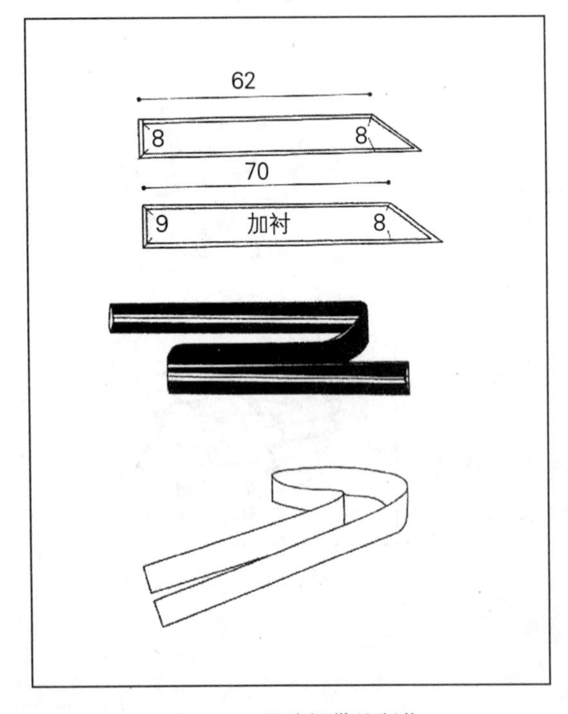

图5-21　平头领带的制作

（1）材料

色彩鲜艳的花布（或衣裙零料）以及软衬。

（2）制作要点

按图 5-21 裁剪。注意领带两端宽窄稍有不同，中间接缝处剪成斜线，软衬裁得比面布略小些。先缝中间拼接处，然后缝成长筒状，翻到正面，将翻折口缝合即成。

2. 室内拖鞋

（1）材料

印花布、花边、絮状填充物。

（2）制作要点

拖鞋底是加絮状填充物的软底，鞋面也加絮状填充物并装饰花边。将鞋面和鞋底缝合后沿鞋底边用同色布滚边一周，裁片如图 5-22 所示。

3. 学生笔袋

（1）材料

花布、素色滚边布、絮状填充物、尼龙搭扣。

（2）制作要点

先在花布下衬垫絮状填充物，绗缝成斜方格，再按图 5-23 所示尺寸裁剪出前后两片，先将前片开口的贴边缝好，然后前后片合起来用素色布滚好边，在盒盖上缝缀用素色布做的装饰蝴蝶结就可以了。

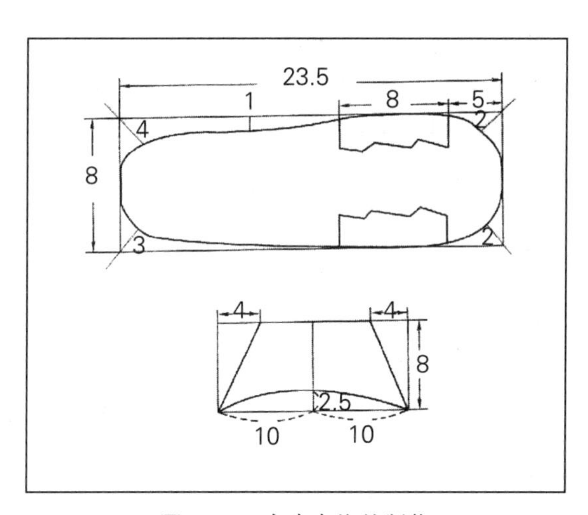

图5-22　室内布拖的制作

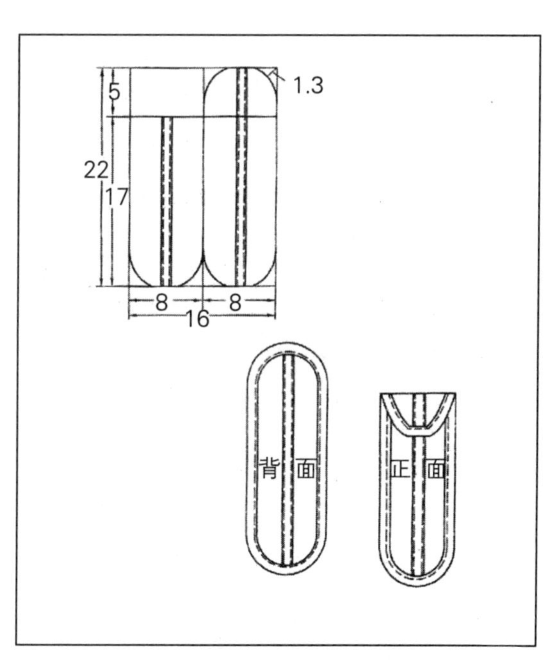

图5-23　学生笔袋的制作（单位：cm）

第六章　面料浮雕再造

服装面料再造设计又称为“面料肌理设计”“面料二次设计”“服装材料设计”等，指运用各种手段将基础面料进行立体重塑改造，使原来面料的肌理与质感都产生质的变化，结合面料的色彩、材质、空间、光影等因素，创新改造面料的外貌，产生新的震撼视觉效果。而面料浮雕再造是面料再造方法中的重要手段之一，面料浮雕再造指运用划、缝、抽等工艺将平面面料进行规律性浮雕般二维再造型的方法。本教材着重介绍面料再造中面料浮雕再造设计的造型方法，为完全服装设计提供重要的方法手段。

第一节　褶饰

褶饰及其变化规律可以用科学分析的方法加以研究，并演绎出各种各样的结果。学习褶饰的目的是为了艺术地表现面料，这种表现来源于艺术感受，而不是科学分析。当人们对面料的色彩、质地等产生了观感之后，才有表现的可能。因此，在学习过程中，虽然常常是从理论入手，但务必始终保持对面料的真实感受。因为艺术的情感变化和情绪表达是无法用语言来传递的，而面料通过不同的褶饰制作，能表现出独特的艺术效果。

褶饰是指将布料抽褶后缩缝，用各种线按照设计缩缝各种花样，将面料做出别具一格的艺术效果。褶饰有两种基本技法，一是从布的表面绣缝，一是从布的反面挑1根或半根纱线规律性绣缝。

一、材料与工具

1. 布

选择易抽出褶饰的面料，如纯棉、化纤、麻、纱、薄呢、薄皮革等面料，还可使用花料、格料、条料、圆点料，最好选择不易起皱的布料。

2. 线

根据不同的织物组织和设计效果，可选用刺绣线、棉线、细毛线、粗毛线等。

3. 针

可根据面料特点选择用针的粗细。薄料选刺绣针，厚料选 6~8 号针。

二、制作褶饰的工具

① 线打结后用针挑起一个起点。

② 在完成第一个起点后再挑起第二点。

③ 完成第二个点后顺序挑起第三点。

④ 将三点抽成一点，抽紧后打结或连锁制作。

制作褶饰的工艺如图 6-1 所示。

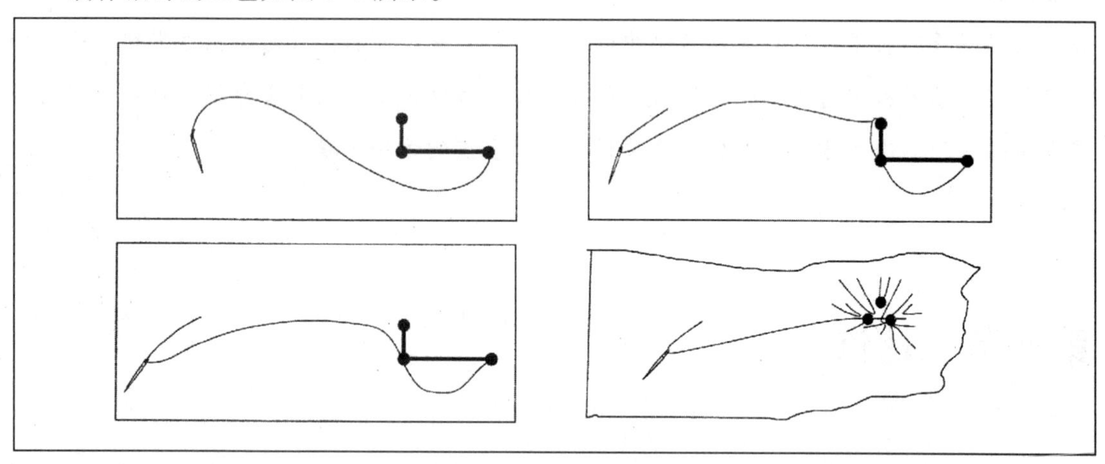

图6-1 制作褶饰的工艺

三、平针串缝褶饰的方法

制作中可根据面料薄厚选择线段之间的距离。厚料每针之间的距离宽些，如图 6-2（a）；相反，薄料针距窄些，如图 6-2（b）。操作时针脚要相同，线的粗细可根据设计要求进行选择。

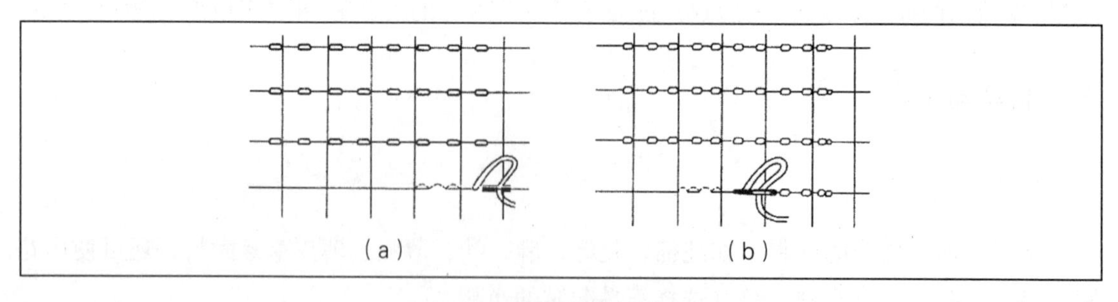

图6-2 平针串缝褶饰的方法

四、绣缝的方法

在面料等距离折褶完成后，缩缝收褶，按设计图案一边缝绣一边抽褶，如图 6-3 所示，针距大小按设计要求。注意绣缝时线的松紧度，拉线时不要改变成品宽度。

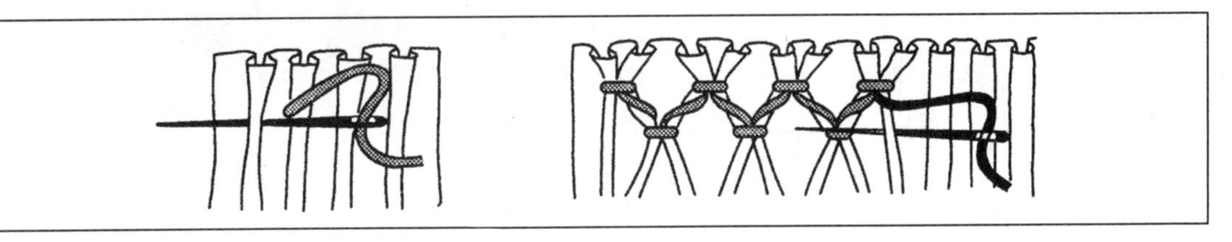

图6-3　绣缝的方法

1. **波浪形褶饰**

缩缝方法同服装工艺的倒回针，但缝制时须改变褶饰方向。每完成一针都要调整好线和线之间的松紧度，如图 6-4 所示。

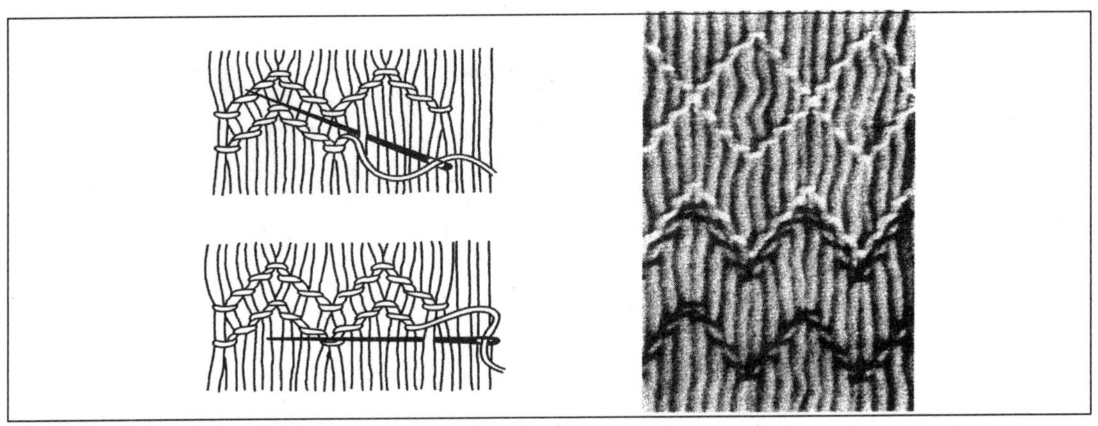

图6-4　波浪形褶饰

2. **菱形褶饰**

缩缝时先水平缝波浪线，再顺次缝下面，缩缝图形要均匀，线迹不要拉得过紧，如图 6-5 所示。

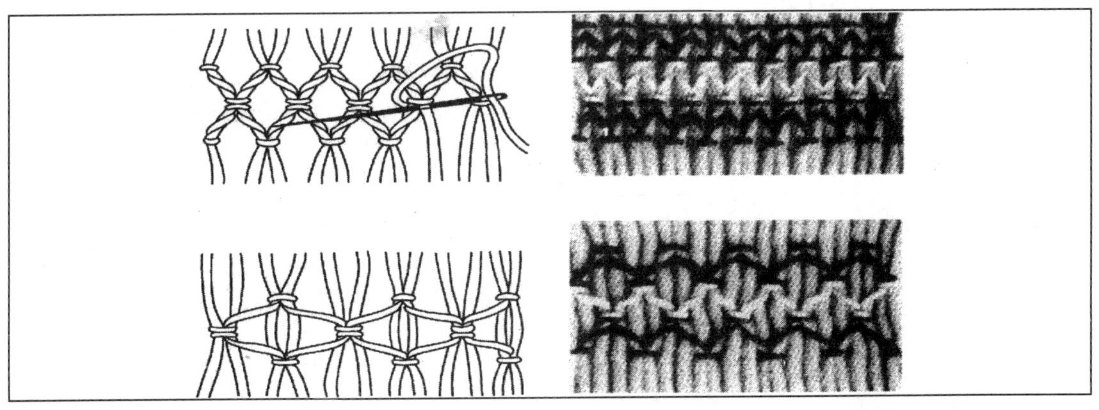

图6-5　菱形褶饰

3. **连续褶饰**

如图 6-6 所示，在缝褶饰时，每根拉线都拉紧。

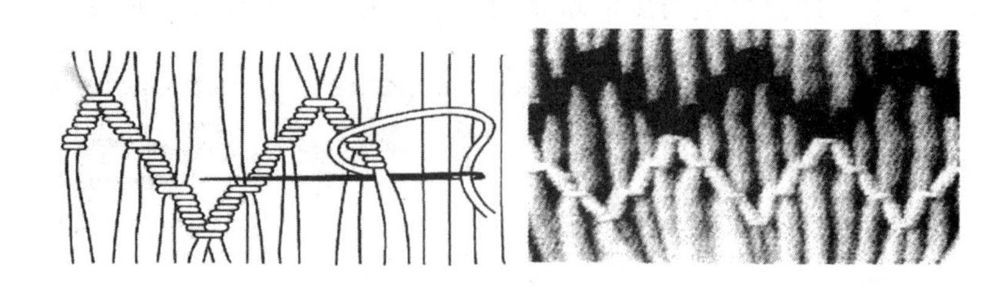

图6–6　连续褶饰

4. 羽状褶饰

如图 6–7 所示，挑缝褶山，锁缝羽状线迹，线迹不要拉得过紧。

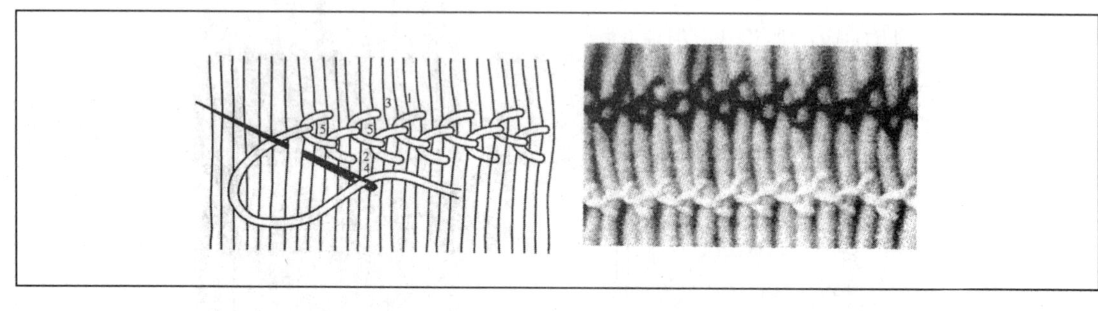

图6–7　羽状褶饰

5. 链式褶饰

如图 6–8 所示，锁缝每条褶山，可直接缝绣，也可波浪缝，要均匀。

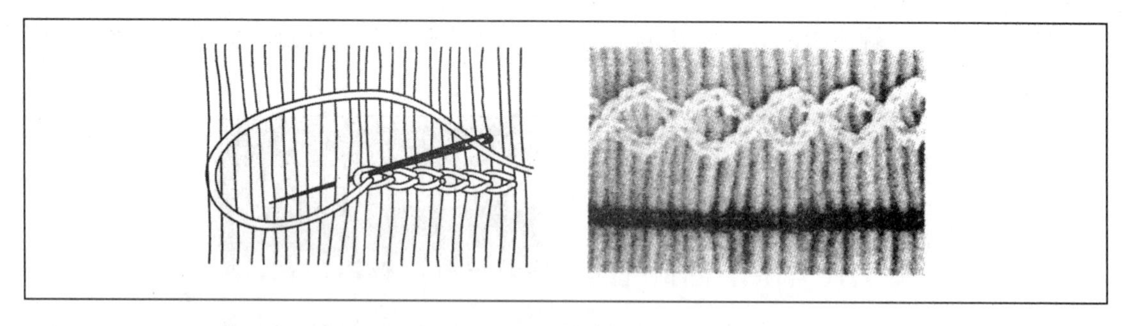

图6–8　链式褶饰

五、选用方格、圆点面料制作褶饰

1. 方格面料褶饰

如图 6–9 所示，由于方格面料格子深浅颜色不同、宽窄不同，所以锁缝出来的图案也不同。另外，选用不同颜色的线，锁缝出来的面料会有意想不到的效果。

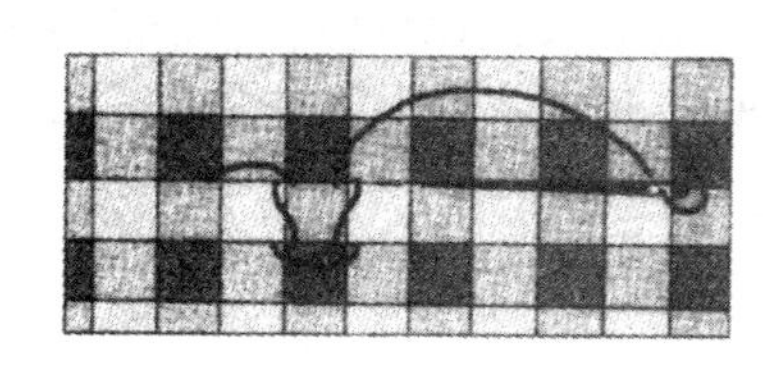
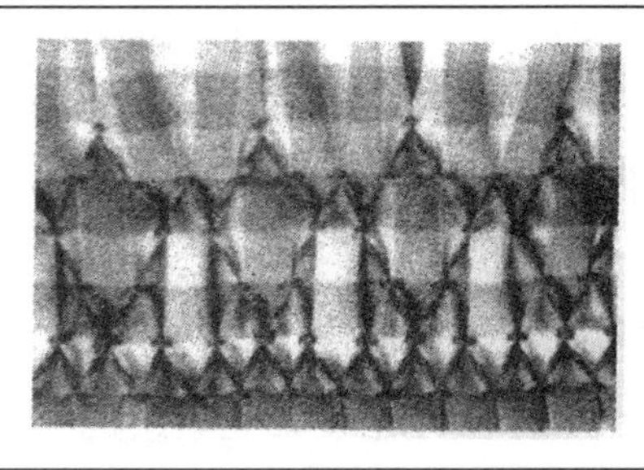

图6-9　方格面料褶饰

2. 圆点面料褶饰

如图 6-10 所示，缩缝时，可以按照圆点有规律地排列花样。

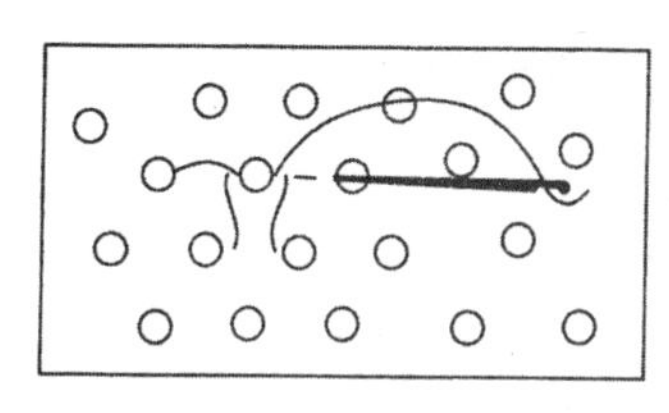
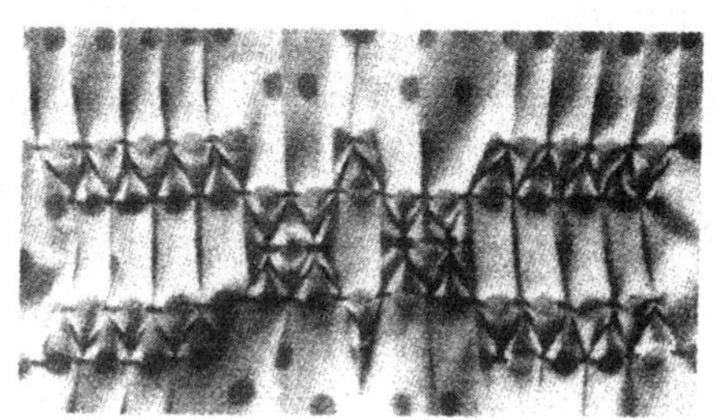

图6-10　圆点面料褶饰

第二节　浮雕面料再造的构成形式

面料造型设计也是有组织、有秩序地进行排列、组合、分解，因此它必须遵循一种设计原则和设计形式。面料浮雕造型构成的形式是我们学习面料造型浮雕设计的主要部分。它较多利用图案中的四方连续和平面构成中的渐变、发射、对比等形式来设计，得到具象和抽象的造型。

一、面料的四方连续构成

四方连续是运用一个或几个装饰元素组成基本的单位纹样，在一定的空间内，进行上下左右四个方向的反复排列并可无限扩展的纹样。

四方连续构成比较复杂，它不仅要求单位纹样的造型严谨、生动，还必须注意匀称、协调的连续效果；不仅要求主题突出，层次分明，还要疏密得当，穿插自然。总之，必须注意连续后所形成的面料整体艺术效果。

四方连续的基本构成骨架有两种形式。

1. **散点式**

散点式是以一个或几个装饰元素组成的基本单位纹样，作分散式点状的排列，构成散点式四方连续。散点式构图纹样之间不直接连在一起。特点是清晰、明快、主题突出、节奏感强。

2. **连缀式**

连缀式是以一个或几个装饰元素组成的基本单位纹样，排列时纹样相互连接或穿插，构成连缀式四方连续。特点是连续性较强，具有浓厚的装饰效果。

连缀式的三种基本形式：

（1）菱形

利用一个单位的装饰纹样，按照菱形骨架进行连缀形排列。在面料背面锁缝，锁缝时以每根垂直线段的两端点挑纱、抽紧。菱形连缀式四方连续骨架如图 6–11 所示。

（2）转换

在一个长方形内，以一个单位装饰纹样做正反面方向排列。转换连缀式四方连续骨架如图 6–12 所示。

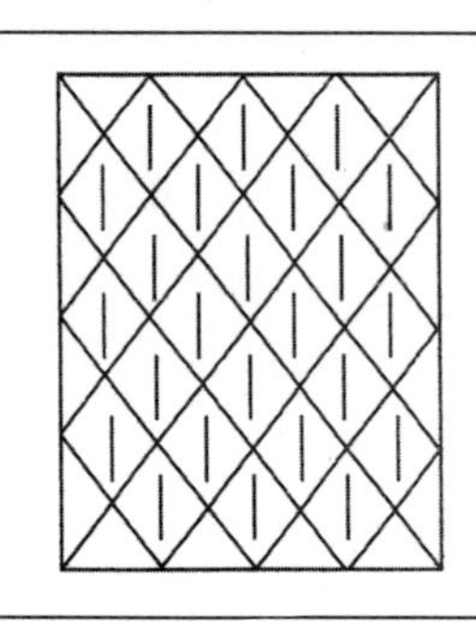
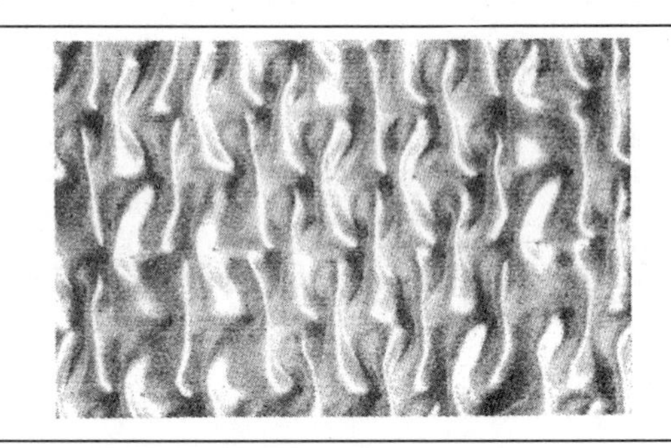

图6–11　菱形连缀式四方连续骨架

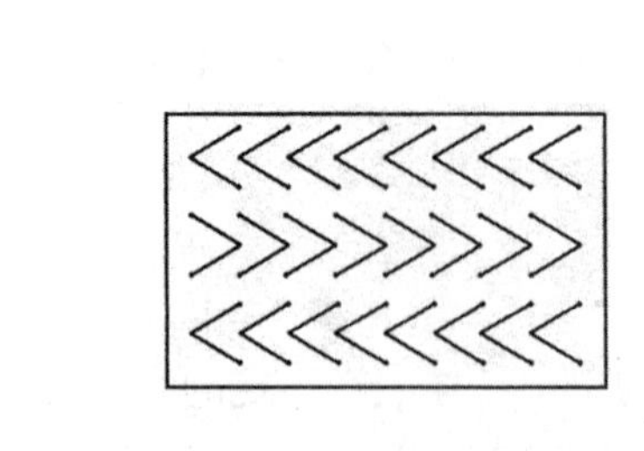
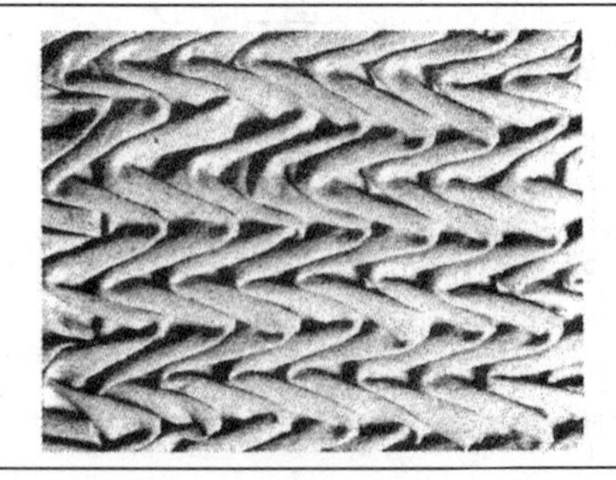

图6–12　转化连缀式四方连续骨架

（3）阶梯

用一个单位装饰纹样进行阶梯式的相错排列。阶梯连缀式四方连续骨架如图 6–13 所示。

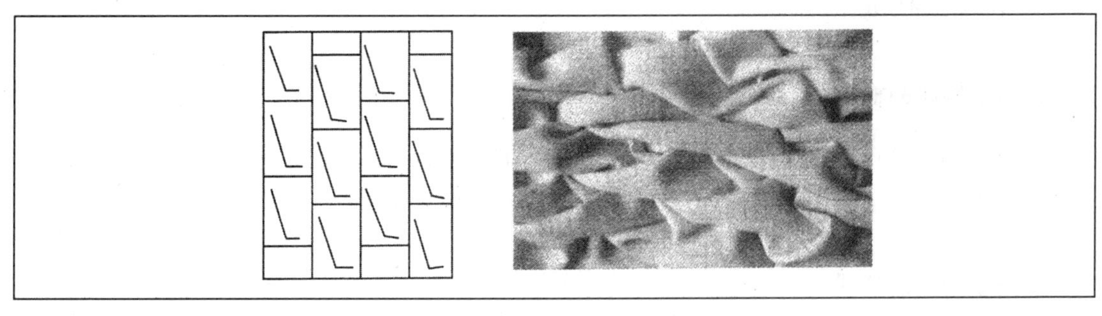

图6-13　阶段连缀式四方连续骨架

3. 四方连续的连接方法

（1）平接

运用一个或几个装饰元素组成的基本单位纹样，在一定的空间内上下左右四个方向对齐进行反复排列的连续形式。四方连续的平接如图 6-14 所示。

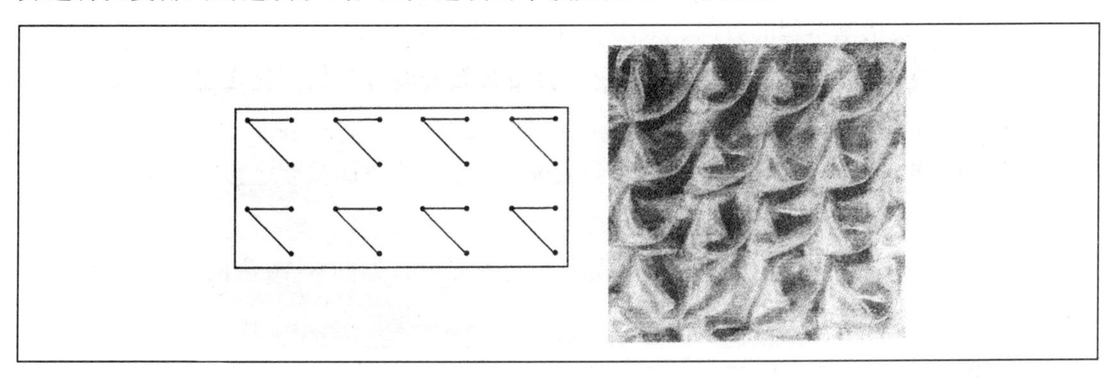

图6-14　四方连续的连接方法——平接

（2）错接

运用一个或几个装饰元素组成的基本单位纹样，在一定空间内上下平接、左右错接，即在一个基本单位的 1/2、1/3 或 2/5 处相错连接反复排列的连续形式。四方连续的错接如图 6-15 所示。

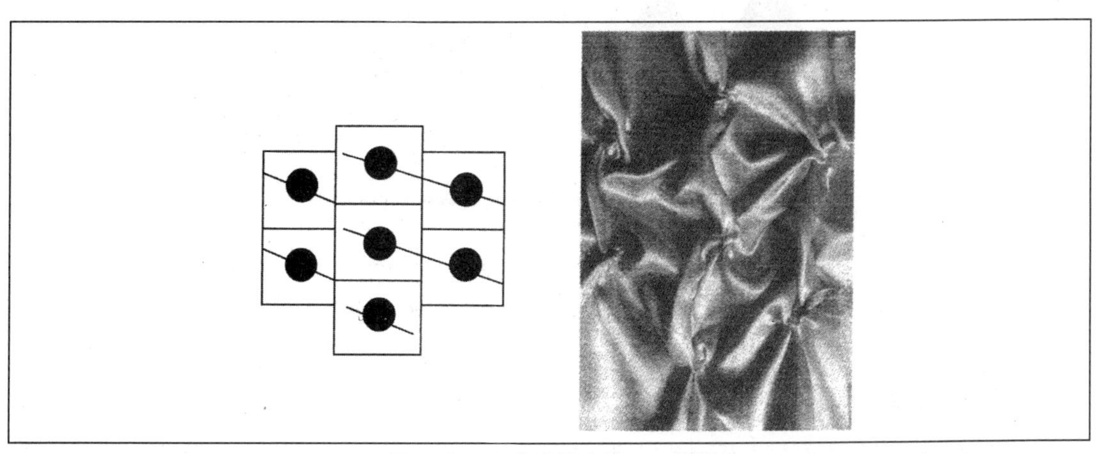

图6-15　四方连续方法——错接

二、面料渐变构成

1. 渐变构成的概念

渐变是指基本形式骨骼渐变地、有规律地循序变动，它能使人产生节奏感和韵律感。动植物的生长过程和自然界中物体近大远小等都是有序渐变现象。

2. 渐变构成的形式

基本形式骨骼规律地、循序地变化，能产生节奏感和韵律感。

在效果上，渐变可以造成视觉上的幻觉感、深度感和速度感，又具有变化与统一的和谐关系，即具有调和点。

（1）基本形渐变

基本形渐变是指基本型的方向、大小、空间位置渐变变化。

① 方向渐变：基本型的排列方向渐变，会使布面表面有起伏变化之感，增强立体感和空间感，如图 6–16（a）所示。

② 大小渐变：基本型由大到小或由小到大渐变，给人以空间深度之感，如图 6–16（b）所示。

③ 空间渐变：由一个形象逐渐变化成为另一个形象，如图 6–16 中的（c）所示。它有具象形渐变和抽象形渐变两种形式。

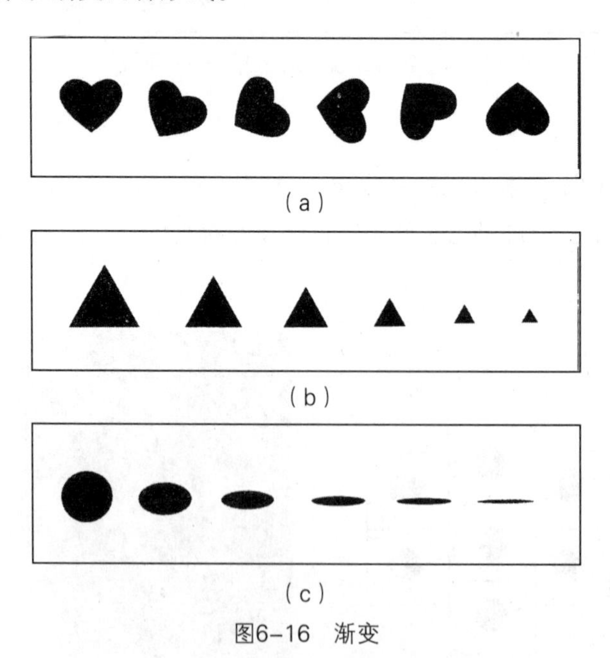

（a）

（b）

（c）

图6–16　渐变

（2）骨骼渐变

骨骼的形状不再是重复，而是在水平和垂直方向规律地变动形状。骨骼渐变的特点是面料产生疏密变化而形成焦点，可以是一个或几个焦点，以取得引人注目的效果。

① 单向渐变：单向渐变是一元渐变，仅用一组骨骼线进行渐变，如图 6-17 所示。

② 双向渐变：也叫二元渐变，即两组骨骼线同时变化，如图 6-18 所示。

③ 阴阳渐变：阴阳渐变就是骨架线有粗细、宽窄的渐变，如图 6-19 所示。

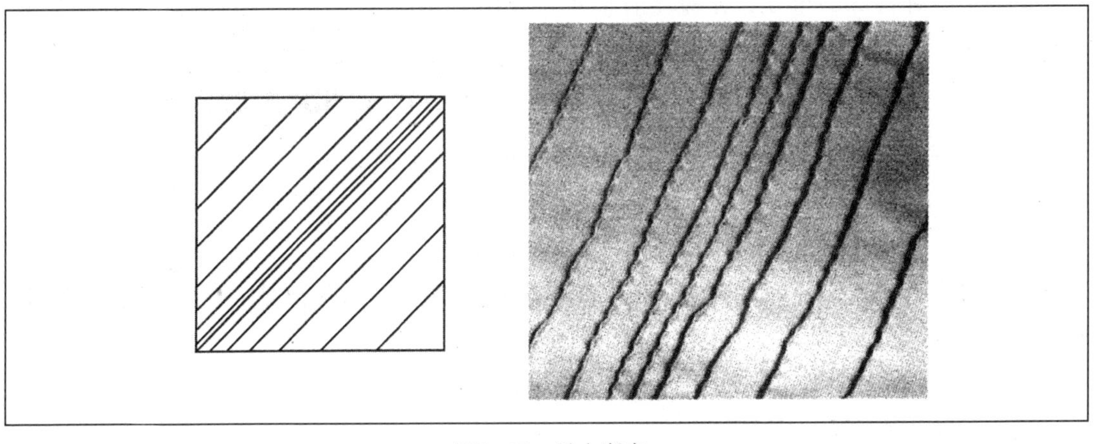

图6-17　单向渐变

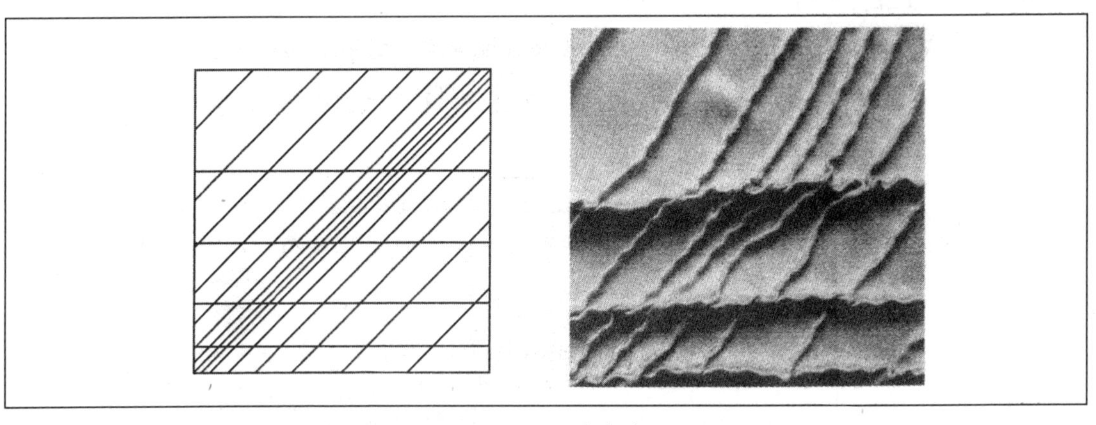

图6-18　双向渐变

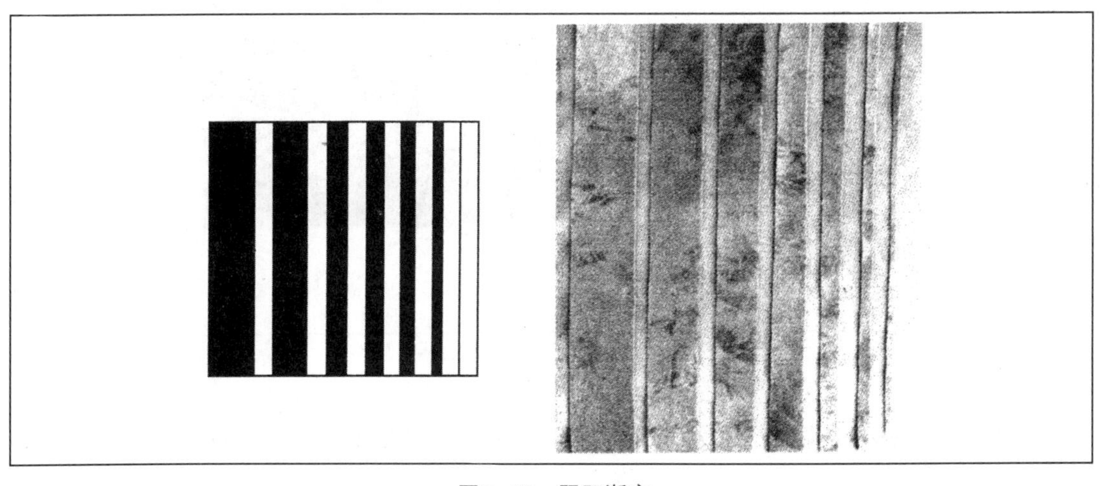

图6-19　阴阳渐变

三、面料发射构成

1. 概念

发射是一种特殊的重复，是基本骨骼单位环绕一个或多个中心点的由内向外的散发，并富有光影、速度及幻觉感，其渐变是有秩序的方向变动，自然界光线、浪花等现象都属于发射形式。

发射也是一种特殊的渐变，具有特殊的视觉效果。

2. 发射构成的形式

发射构成由发射中心和具有方向的发射线组成。所有形象向发射中心汇集，或中心向外放射。

（1）发射骨骼构造

发射骨骼有两个方向。

① 发射点：即发射中心，焦点。发射点可以是一个，也可以是多个。

② 发射线：即骨架线、骨骼线，可以是直线，也可以是曲线。

（2）发射骨骼的类型

① 离心式：基本形由中心向外扩散，视觉上有向外运动的感觉，如图 6–20 所示。

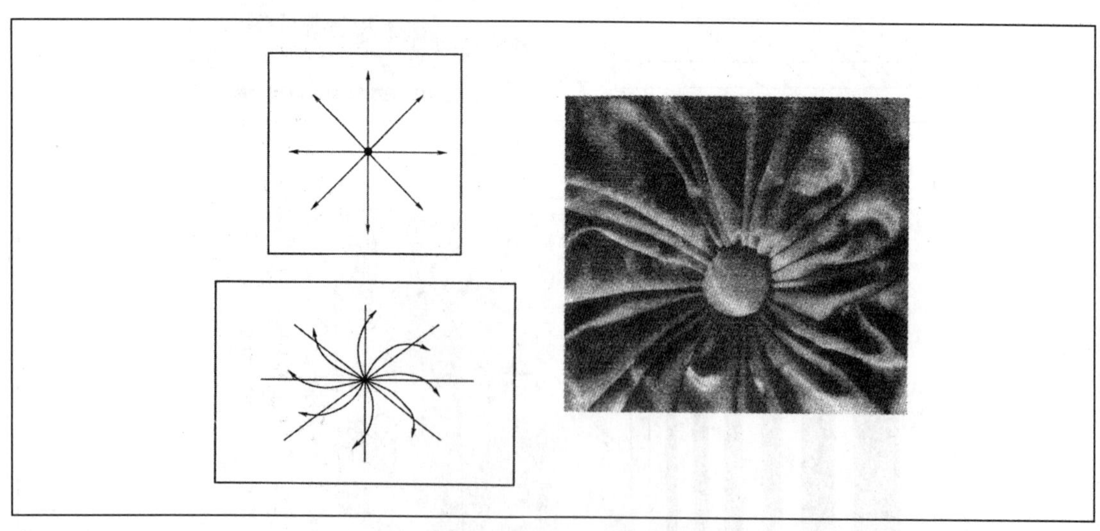

图6–20　离心式发射

② 多心式：基本形以多个中心为发射点，形成丰富的发射集团，如图 6–21 所示。

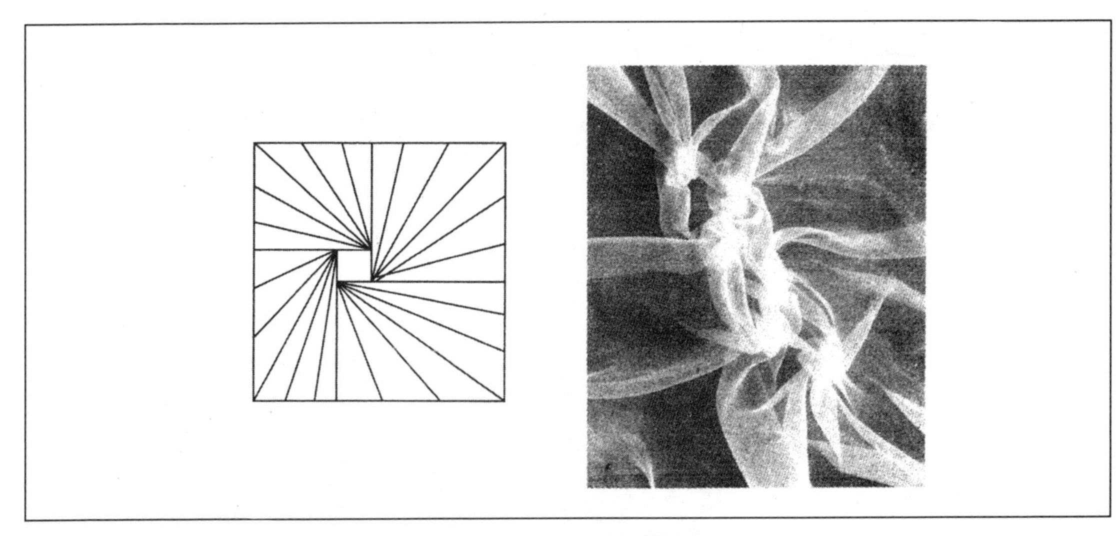

图6-21　多心式发射

四、面料对比构成

对比是一种自由的构成形式，它不受骨骼线与图形的限制，而是依据形态的大小、疏密及形状等对比而构成，如图 6-22 所示。

① 大小对比，如图 6-22（a）所示。

② 横竖对比，如图 6-22（b）所示。

③ 曲直对比，如图 6-22（c）所示。

④ 开合对比，如图 6-22（d）所示。

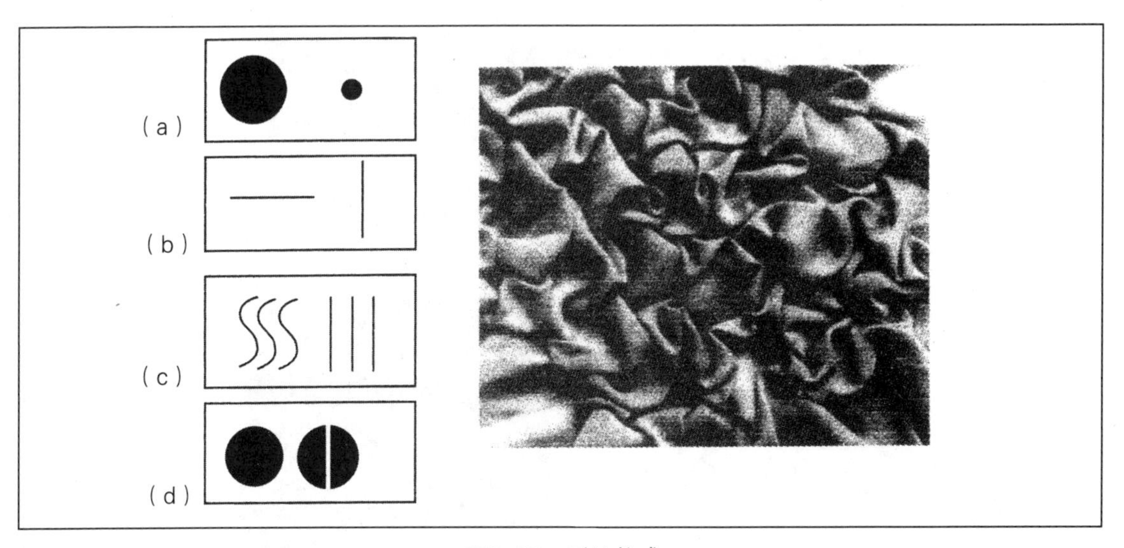

图6-22　对比构成

五、面料浮雕造型对比

1. 基本形“>”相同，缝线行与行之间错位的浮雕效果

在制作时，采用基本形“>”相连的针法，行与行之间有错位变化，制作出来的面料形成凹凸变化。图 6–23（a）为瓦楞形；图 6–23（b）为正倒三角形。

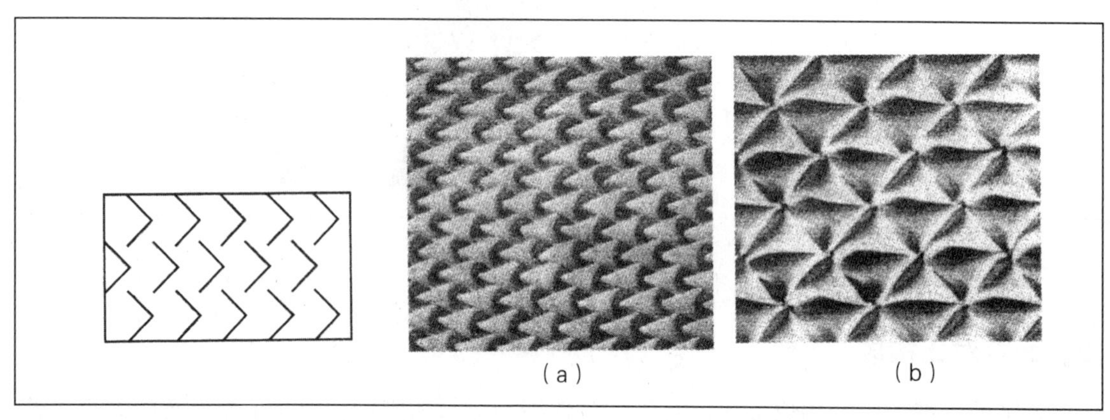

图6–23　基本型“>”相连的效果

2. 相同菱形不同骨骼排列的浮雕效果

采用相同的菱形,但排列有变化,其表现出的效果不相同,图 6–24(a)有较强的韵律感；图 6–24（b）表现出田园效果。

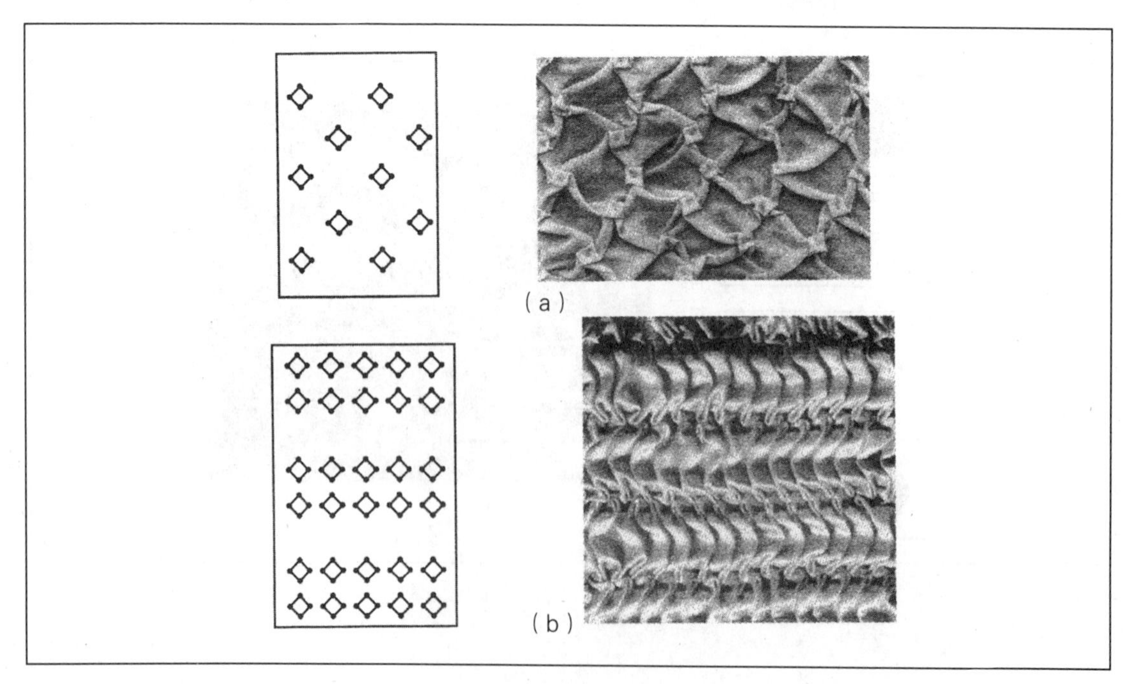

图6–24　相同菱形不同骨骼的排列

3. 垂直线段长短不同，表现出的浮雕效果

图 6-25（a）和（b）运用了垂直线，但线段长短不同，面料浮雕造型效果也不同，但都有水波纹效果。

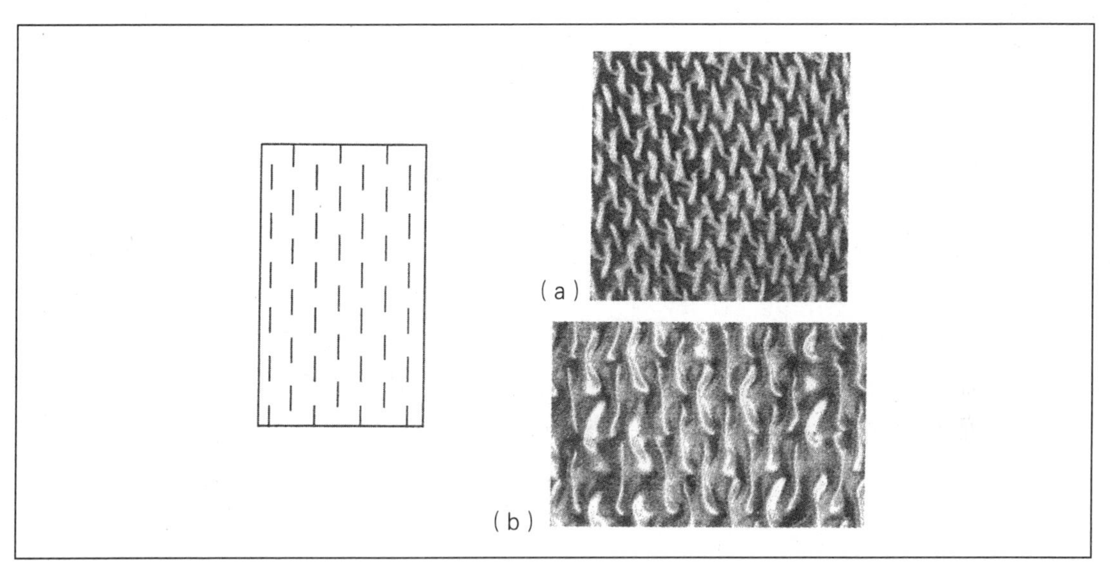

图6-25 垂直线长短不同，具有不同的效果

4. 基本形相同，缝制线迹不同，效果不同

选用基本形“/ \”线迹缝制，缝制方法不同，会出现单、双线叠状网格效果，如图 6-26 所示。

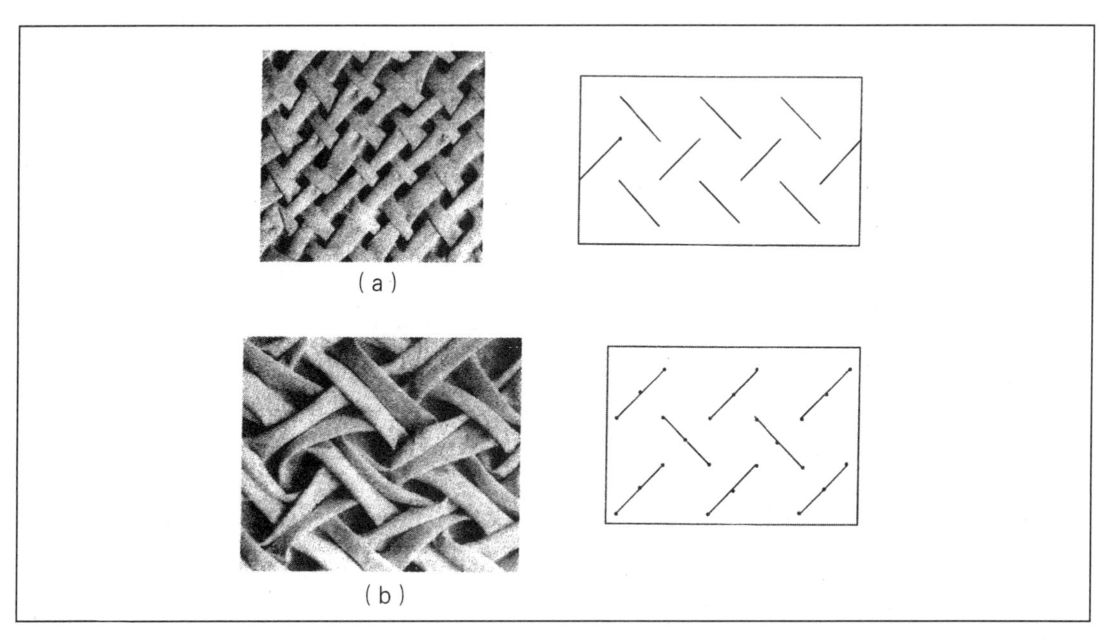

图6-26 基本型“/ \”缝制线迹不同的浮雕效果

参考文献

[1] 李立新. 服装装饰技法 [M]. 北京：中国纺织出版社，2005
[2] 李立新. 服饰设计应用研究 [M]. 北京：中国纺织出版社，2015
[3] 日本文化学院.（日本）文化服装讲座 [M]. 北京：中国轻工出版社，2006
[4] 杨璐. 图解编织入门 [M]. 哈尔滨：黑龙江科学技术出版社，1989
[5] 张苓. 漂亮配件 [M]. 上海：东华大学出版社，2003